KB076616

향기로 채우는 힐링, 아로마테라피

향기로 채우는 힐링, 아로마테라피

발 행 | 2023년 4월 03일
저 자 | 정지윤 · 정숙희
펴낸이 | 한건희
펴낸곳 | 주식회사 부크크
출판사등록 | 2014.07.15(제2014-16호)
주 소 | 서울특별시 금천구 가산디지털1로 119 SK트윈타워 A동 305호
전 화 | 1670-8316
이메일 | info@bookk.co.kr

ISBN | 979-11-410-2242-6

www.bookk.co.kr

향기로 채우는 힐링, 아로마테라피

정지윤 · 정숙희 지음

목   차

제2부 혼자서도 멋진 에센셜오일

들 어 가 며

저희는 그동안 식물이나 동물과 같은 자연물질에서 유래한 천연약물이나 실험실에서 합성해서 만든 화학약물에 대해 공부했고 경험해 왔습니다. 그 과정에서 간혹 약을 먹으면 알레르기가 생기거나, 위장이 약해 약을 먹기 힘든 경우처럼 일반적인 방법으로 치료가 어려우신 분들을 접할 수 있었습니다. 여러가지 병으로 고생하시는 분들을 주로 만나다 보니 질병이 없더라도 건강을 유지하는 습관이 너무도 중요하다고 생각하고 건강을 유지하도록 돕는 다양한 방법에 관심을 기울여왔습니다.

그 중에서 아로마테라피에서 사용하는 에센셜오일은 천연재료에서 얻으며, 불편한 증상을 개선시킬 수 있고, 건강을 증진시키는 효과가 있다는 사실이 매우 흥미로웠습니다. 내가 좋아하는 향기물질들이 몸과 마음의 건강과도 연결이 되고 일상에서 손쉽게 사용할 수 있다는 장점도 있습니다. 이에 저희가 경험해 본 아로마테라피에 대해 총 세 부분으로 나누어 말씀드리려고 합니다.

제1부는 아로마테라피에 대한 전반적인 소개입니다. 식물에

서 추출한 향기물질이 어떻게 우리 몸에 흡수되고, 어떠한 효능을 나타내는지 설명하였고, 에센셜오일을 구입하고, 보관하고, 안전하게 사용하는 방법에 대해 기록하였습니다.

제2부에서는 흔히 사용되는 총 23종류의 개별 에센셜오일의 특징, 구성성분, 효과와 주의점에 대해 설명하였습니다. 가능한 사람을 대상으로 한 논문을 근거로 에센셜오일이 어떻게 연구되고 있는지 알려드리고자 하였습니다.

제3부에는 생활 속에서 어떻게 아로마테라피를 사용하고 있는지 소개하였습니다.

천연재료로 하는 향기요법이라 할지라도 모든 사람에게 적합한 것은 아닙니다. 하지만, 아로마테라피에 대해 제대로 알고 현명하게 사용한다면 질병이 생기기전에 자신의 건강을 유지하거나, 필요시 기존의 의료적 치료에 병행하면서 많은 도움을 받을 수 있습니다. 그러한 과정에서 저희가 공유해드린 정보가 유익이 되길 바랍니다. 여러분들도 향기로 채워지는 힐링을 경험해 보시기 바랍니다.

2023년 03월
정지윤 · 정숙희 약사

제1부 아로마테라피 이해하기

1 식물이 빚어 낸 신비한 향기물질

　인간은 예로부터 물, 공기, 열, 식물처럼 주변에 존재하는 자연 물질을 이용해서 건강을 증진시키거나 질병을 치료하려고 노력해 왔습니다. 그 중에서도 식물은 종류가 다양하고 구하기도 쉬워 오랜 경험을 통해 그 효과와 안전성을 알게 되었고, 자연스럽게 질병을 예방하고 치료하는 귀중한 천연 재료로 자리매김을 했습니다. 예를 들면 해열진통제인 아스피린은 버드나무껍질에서 추출해서 의약품이 되었고, 신종인플루엔자 치료제인 타미플루도 팔각 회향이라는 한약재로부터 개발되었습니다. 비록 육안으로 확인되지는 않지만 식물안에는 수십 개에서 수백 개 이상의 다양한 물질이 존재하기 때문입니다.

　너무 작아서 그냥 보아선 알 수 없는 성분들이 식물의 열매, 씨, 줄기, 뿌리, 꽃에 서로 다른 비율로 존재하고 있습니다. 이런 식물의 일부분이나 여러 부분을 넣어서 증류하거나 압착하면 휘발성도 있고 방향성도 강한 에센셜오일을 얻을 수 있습니다. '휘발성'이란 상온에서 기체가 되는 성질을 말하고, '방향성'이 있다는 것은 향을 내뿜고 있다는 의미입니다. 따라서 에센셜오일은 식물이 천연 원료를 가지고 빚어 낸 물질

중에서 기체로 바뀔 수 있을 만큼 가볍고 향기나는 성분만 추출해서 액체 상태로 농축한 물질입니다. 초기에는 그저 신비한 향기를 내는 물질로만 생각했겠지만 오랜 세월 사용하면서 식물의 향으로 건강을 유지하도록 도움을 주는 향기요법 즉, 아로마테라피로 발전했습니다.

현재 에센셜오일은 셀프 메디케이션, 의료적 치료, 화장품, 향수와 식품업계에서도 광범위하게 사용되고 있습니다. 아로마테라피는 단순히 향을 즐기는 것만이 아니라 육체적인 건강과 정신적인 균형을 유지하기 위한 목적이 있는데, 이것이 아로마테라피에서 추구하는 '전인주의(holism)'라는 개념과 부합하는 방향입니다. '전인주의'에서는 건강을 유지하거나 질병을 치료하기 위해서는 그 원인이라고 생각하는 한가지 기능의 회복만 돕거나 아픈 부분만 따로 떼어서 보지 않고, 몸, 마음 그리고 영혼까지도 연결하여 동시에 유기적으로 작동하도록 돕는 것이 최상의 방법이라고 생각합니다. 또한 질병의 원인도 유전, 환경, 노화처럼 딱 한가지라고 단정할 수 없기 때문에 각 부분을 연결하여 통합적으로 평가해야 한다는 개념에 근간을 두고 있습니다.

2 키피에서 아로마테라피까지 이어진 향기의 역사

아주 오래전부터 이집트, 이란과 인도에서 식물의 향이나 오일을 사용했고, 이집트에는 향기 제조사들이 식물에서 향기를 추출하고 사용하는 방법에 대해 연구했다는 기록이 전해집니다. 미라를 만들 때 시체가 부패하는 것을 막기위해 시더우드와 몰약을 사용했고, 미르, 시나먼, 주니퍼, 사이프러스 등 16가지 성분을 배합한 '키피'를 신을 위한 의식을 진행할 때나 향수로 사용했습니다. 인도 전통의학인 아유르베다에서도 향기나는 오일을 종교 의식에 이용했고, 질병을 치료할 때도 사용했습니다.

기존에는 수작업을 통해 에센셜오일을 생산했지만 중동의 화학자이며 연금술사인 아비체나가 증류법을 발견한 후에는 한 번에 다량의 오일을 생산하게 되었습니다. 그러나 19세기 이후 과학분야가 비약적으로 발전하면서 대량의 화학약품이 개발되었고, 상대적으로 에센셜오일에 대한 연구는 더디게 진행되었습니다.

이러한 사회 환경적인 상황으로 20세기가 되어서야 화학자인 르네 모리스 가트포세가 최초로 '아로마테라피'라는 용어를 사용하고 향기를 이용하는 치료법을 소개했습니다. 이후 프랑스 의사인 장 발레가 제2차 세계대전 참전 중에 치료약이 부족한 상황에서 에센셜오일을 사용했던 경험을 근간으로 1964년에 '아로마테라피'라는 책을 출간했습니다. 이 책은 의료 영역에서 아로마테라피의 효과를 제시한 발판이 되었고, 지금도 프랑스에서는 아로마테라피가 의료적 치료를 목적으로 발전하고 있습니다. 이에 반해 장 발레의 제자였던 마가렛 뮤리는 스킨케어와 마사지에서 뛰어난 향기의 효과를 강조했습니다. 영국에서는 이 방법이 귀족을 중심으로 확장되었고, 지금도 미용 산업을 중심으로 성장하고 있습니다. 최근에는 '아로마테라피의 예술'의 저자인 로버트 티저랜드와 '아로마테라피 완벽 가이드'의 저자인 살바토레 바탈리아 등 다수의 전문가들이 과학적인 분석을 통해 에센셜오일을 효과적이고 안전하게 사용하는 방법에 대해 연구하고 있습니다.

아직까지도 식물 안에 있는 모든 성분을 완벽히 알지 못한다고 합니다. 그 동안의 사용 경험과 역사에 비해 체계적이며 과학적인 측면이 일부 부족한 부분도 있습니다. 하지만, 에센셜오일과 관련된 산업분야가 지속적으로 성장하고 있으니 그에 따라 발전적인 연구들이 증가한다면 더욱 안전하고 효과적인 아로마테라피로 발전할 수 있으리라 생각합니다.

3 식물은 똑똑하고 전략적인 화학자

에센셜오일의 원재료인 식물에 대해 알아보니 식물이 생각 이상으로 똑똑하고 전략적인 화학자라는 생각이 들었습니다. 식물마다 다른 수많은 성분들이 있는데, 놀라운 점은 동일한 자원과 환경하에 있더라도 스스로 자신이 필요한 다른 성분들을 만든다는 사실입니다. 식물들은 왜 힘들고 귀찮게 서로 다른 물질을 만들어낼까요?

먼저 동물에 대해 생각해 보겠습니다. 동물은 움직일 동(動)자를 씁니다. 동물은 움직일 수는 있으나 식물이나 자신보다 약한 동물을 먹지 않으면 생존할 수 없어서 '종속영양생물'이라고 합니다. 이에 반해 식물은 인위적인 간섭이 없다면 맨처음 태어난 그 자리에서 일생을 보내야만 합니다. 쉽지 않은 삶의 조건에서 똑똑한 화학자인 식물은 어쩔 수 없이 스스로 생존하고, 성장하고, 외부의 공격으로부터 자신을 보호하면서 최종적으로는 종족 번식의 의무까지 완수하는 '독립영양생물'이 되었습니다.

식물은 생존과 성장을 위해서 기본 연료인 단백질, 포도당과 지질을 생산하기 위한 '광합성'이란 과정을 진행합니다 (그림1). 또한 자기 자신을 보호하고 방어하기 위해 페놀류나 테르펜노이드류와 같은 '파이토케미칼'을 만듭니다.

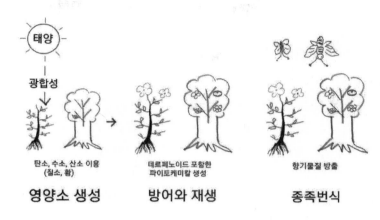

탄소, 수소, 산소 이용 (질소, 황)	테르페노이드 포함한 파이토케미칼 생성	항기물질 방출
영양소 생성	**방어와 재생**	**종족번식**

그림1 독립영양생물인 식물의 주요 기능

  화학적으로 보면, 자연이 주는 기본 재료에서 탄소, 수소, 산소를 주재료로 사용하고 때로는 질소나 황 등을 첨가하면서 만든 파이토케미칼을 통해 화학적인 신호로 소통하고, 살균하고, 건강하게 생존하고 부패가 되지 않도록 자신을 보호하고 방어하게 됩니다. 예를 들면 숲 향기가 나서 방향제로 인기가 있는 피톤치드도 식물이 병원균이나 해충으로부터 자신을 지키고 때로는 공격하기 위해 만드는 공격용 화학무기입니다. 페놀은 나비 유충의 성장을 지연시키고, 탄닌은 화학적 보호막으로 작용해서 잎사귀의 맛을 떫게 만들어 포식자가 다시는 먹고 싶지 않게 하고, 쉽게 소화되지 않도록 만듭니다. 자스몬산도 곤충의 소화력을 방해합니다. 이러면 당연히 적군들이 꺼려하는 먹이감이 됩니다. 식물은 이런 공격용 화학무기를 가지고 그 농도를 조절하면서 주변 식물과 경쟁하며, 세균, 바이러스, 곤충이나 동물에 대항하여 엄청난 화학전을 진행하고 있습니다. 눈에 보이시나요?

식물이 만드는 파이토케미칼은 방어와 공격 외에 재생과 회복이란 임무를 수행합니다. 파이토케미칼은 외부 공격으로 인해 손상된 세포를 재생시키고, 통증도 억제합니다. 버드나무에 있는 살리실산도 감염과 상처를 회복시키고 통증을 억제하는 작용을 합니다. 에센셜오일 안에는 이런 놀라운 효능의 파이토케미칼 중 일부 성분이 농축되어 있어서, 세포를 재생시키고, 통증을 억제하고, 중추신경을 자극하거나 진정시킬 수 있습니다. 인간이 식물의 방어제이고 화학용 공격무기이자 자가 치료제를 이용하는 것입니다.

최종 목적인 종족 번식을 위해서는 더욱 영리한 전략을 가지고 있습니다. 식물이 분비하는 일부 성분은 호르몬 유사물질로 자신의 분신인 씨앗이나 꽃가루를 이송해줄 곤충이나 동물을 적극적인 방법으로 유혹하게 됩니다. 꽃가루 받이 준비가 끝난 꽃들이 그냥 좋은 향을 뿜어서 아무 곤충이나 동물을 유혹하는 것이 아닙니다. 식물이 이렇게 치밀하다니 믿어지지가 않습니다.

또한 아무 때나 꽃을 피워 배송자들을 유혹하는 것도 아닙니다. 복수초나 홍매처럼 키가 작은 식물들은 아직도 눈이 희끗희끗 남아있는 추위 속에서 남보다 서둘러 꽃을 피워 주위 식물에 대한 경쟁우위를 선점하고 목표한 곤충을 유혹합니다.

달맞이꽃처럼 밤에 꽃을 피우는 식물들은 꽃가루를 이송하기에 적합한 곤충이 밤에만 활동하는 나방이라서 남들이 다 자는 밤에 누구보다 화려하게 꽃을 피우고 아침에 사그라집니다. 어떤가요? 식물들은 똑똑한 화학자이자, 정말 엄청난 전략가 아닐까요?

4 수증기 셔틀 타고 농축되는 향기성분

최상의 에센셜오일을 얻기 위해서 식물마다 추출하는 방법이 다릅니다. 추출 부위, 향기성분의 특성, 물이나 기름에 녹는 정도 등 여러 요인이 영향을 주게 됩니다.

이 장에서는 여러가지 추출법 중에서 껍질을 눌러서 추출하는 압착법, 동물 기름에 녹여내는 냉침법, 물을 이용하는 증류법, 유기용매를 이용하는 용매추출법 그리고 이산화탄소를 이용하는 이산화탄소 추출법에 대해 알아보겠습니다. 현재는 노동력 소모가 많은 기존 방법보다는 기계를 이용하는 방향으로 발전하고 있습니다.

▶ 압착법(Expression)

운향과에 속하는 대부분의 감귤류 오일들은 껍질에 구멍을 내거나 눌러서 짜내는 압착법으로 추출합니다. 귤을 까서 먹으면 손가락이 노란색으로 변했던 경험이 있습니다. 그 때 껍질 속에 있는 에센셜오일 성분들도 흘러나옵니다. 감귤류의 오일은 주로 껍질에 있으니까 눌러서 추출합니다.

강한 태양으로부터 과육을 지켜야하기 때문에 햇빛에 노출되어 있는 껍질 속에는 자신을 보호할 수 있는 강력한 항산화 성분이 많이 있습니다.

▶ 냉침법(Enfleurage)

아주 오래된 방식으로 동물성 기름이 스며든 천이나 나무판 위에 꽃잎을 수작업으로 한 잎씩 떼어 놓아두고 주기적으로 교환하여 기름안으로 향기성분이 스며들게 하는 방법입니다. 노동력이 많이 소모되기 때문에 최근에는 자주 사용하지는 않습니다.

▶ 증류법(Distillation)

대부분의 에센셜오일은 수증기 증류법(steam distillation)으로 추출합니다 (그림2). 밀폐된 통 안에 식물을 넣고 수증기를 통과시키면 찜통에 음식을 찔 때처럼 식물 속 향기성분이 높은 열에 의해 수증기와 같이 휘발합니다. 이때 수증기는 향기성분을 나르는 셔틀 역할을 하게 됩니다. 다음 단계에서 차가운 냉각 장치를 통과하면서 액체상태인 오일과 물로 나눕니다. 기름이 물보다 가벼우니까 오일이 먼저 분리가 되고, 물이 남게 됩니다.

이때 최종적으로 액체가 되어 남아 있는 물은 평범한 물이 아니고 매우 소량의 향기성분이 녹아 있는 증류수로 해당 오일보다는 훨씬 약하지만 동일한 향도 납니다. 이 물을 하이드로졸, 하이드로랏 또는 플로럴워터라고 합니다.

하이드로졸에는 에센셜오일의 수용성 성분이 매우 소량 녹

아 있으며, 약산성이기 때문에 피부에 대한 자극도 적고 사용
감도 부드럽습니다. 수분 함량이 높아서 희석하지 않고 피부
에 직접 사용할 수 있습니다. 원하는 최종 결과물은 에센셜오
일이지만, 부수적으로 얻어진 하이드로졸도 살균, 방부 효과와
더불어 진정, 소염, 피부 보습효과가 있어서 피부 타입에 상
관없이 천연 화장수로도 사용 가능합니다. 한 종류의 하이드
로졸만 사용하거나 두 세가지를 블렌딩할 수도 있고, 에센셜
오일과 혼합해서 사용하면 더 나은 효과를 얻을 수 있습니다.

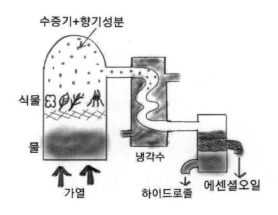

그림 2 수증기 증류법

수증기 증류법 외에 물을 이용한 증류법은 물 증류법, 재증
류법과 재정류법이 있습니다. 물 증류법(water distillation)은
식물을 물에 담근 상태로 가열하면서 증류하는 방법으로 100
도 이하의 온도에서 진행되므로 로즈처럼 열에 약한 오일을

추출하는 방법입니다.

재증류법(cohobation)은 물 증류법을 통해 오일을 얻고나서 남은 증류수 속에 중요한 성분이 남아 있는 경우 반복적으로 증류하여 최상의 오일을 얻는 방법입니다. 로즈 오일의 주성분 중에 '페닐에틸 알코올'이 있는데, 한 번만 증류한 로즈 오일에는 거의 존재하지 않습니다. 그래서 반복적으로 증류하면 페닐에틸 알코올이 들어있는 '로즈 오또' 오일이 만들어집니다.

재정류법(rectification)은 1차 증류를 통해 얻은 오일 안에 있는 불순물을 제거하거나 특정 성분을 원하는 함량으로 맞추기 위해 다시 증류하여 추출하는 방법입니다.

► 용매추출법(Solvent extraction process)

용매추출법은 향기성분이 원재료 속에 매우 소량있거나 수지(resin)인 경우 주로 사용합니다. 수지는 침엽수의 껍질에 상처를 낸 후 흘러나오는 진액을 모은 것으로, 향기성분이 물에는 녹지 않고 알코올이나 에테르와 같은 화학용매에만 녹습니다.

화학용매를 사용하기 때문에 오일 안에 극히 소량이지만 용매 성분이 남아있을 가능성이 있습니다. 반면 증류법에 비해 구성성분의 변화가 적고, 무거워서 증류법으로는 얻을 수 없는 성분이 추출된다는 장점도 있습니다.

용매에 식물이나 수지를 넣고 추출해서 향기성분이 녹아 있는 중간물질을 가공한 후 최종적으로 얻어진 오일이 '앱솔루트(absolute)'입니다. 자스민은 대부분 앱솔루트로 추출되기 때문에 병의 라벨을 보면 '자스민 앱솔루트'라고 표기되어 있습니다. 순수 오일을 고집하는 아로마테라피스트는 용매로 추출된 오일을 피하는 경향이 있습니다. 앱솔루트 오일은 임산부나 어린이들에게는 잘 사용하지 않습니다.

► 이산화탄소 추출법(Carbon dioxide extraction)

가장 최근에 개발된 이산화탄소 추출법은 원리상으로는 수증기 증류법과 비슷합니다. 다만 수증기가 아닌 이산화탄소 기체가 저온 고압 하에서 식물을 통과하면서 오일을 추출하는 방법입니다. 수증기 증류법과 달리 열에 의한 손상도 적고 용매로 사용하는 이산화탄소와도 화학적 반응이 없다는 장점이 있습니다. 하지만 고가의 장치가 필요하다는 단점도 있습니다.

5 향이 불러오는 기억, 향을 흡수하는 피부

향기분자가 우리 몸에 들어오는 주요 경로는 코, 폐 그리고 피부입니다. 그 중 코가 담당하는 후각은 뇌와 밀접한 관계를 가지며 아로마테라피에서 중요한 역할을 합니다.

후각이 어떻게 뇌와 관련될까요? 혹시 이런 경험을 하신 적이 있나 생각해보세요. 진한 커피향이 코 끝에 스칠 때 왠지 모를 행복감을 느낀 적이 있다? 스쳐 지나가는 누군가로부터 흩날려온 향을 맡고 이전에 만났던 누군가를 떠올린 적이 있다? 우리가 이렇게 냄새를 통해 과거의 느낌이나 일을 기억해 낼 수 있는 것은 후각이 뇌에서 기억과 감정을 담당하는 영역과 관련되어 있기 때문입니다.

향기분자가 코를 통해 뇌로 연결되기 위해서는 코 안의 위쪽 벽에 있고 냄새를 감지하는 센서이며 작은 털처럼 생긴 '후각섬모'라는 돌기와 결합해야 합니다 (그림3). 후각섬모와 결합하게 되면, 그 위에 위치한 후각세포를 통해 관련 정보가 후구 안에 있는 후구신경세포를 따라 뇌의 변연계까지 전달됩니다. 이 모든 과정은 정말 순식간에 진행됩니다. 최종 정보 저장소인 변연계는 뇌 안쪽에 있는데 어떤 사실을 인지하고, 공간을 기억하고, 시간에 따른 사건을 기억할 뿐 아니라 공포,

분노, 성적충동과 같은 감정적인 행동을 조절합니다. 따라서 후각을 통해 전달된 향은 기억과 감정에 직접 작용할 수도 있고, 무의식에도 영향을 줄 수 있습니다. 이와 같은 경로를 통해서 향기성분이 후각을 통해 뇌에 작용하게 됩니다.

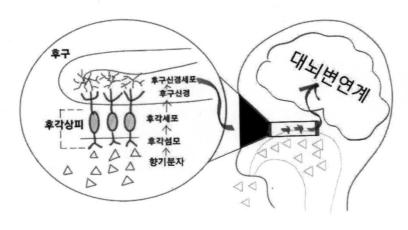

그림3 코 안에서 향기분자의 정보가 대뇌변연계에 도달하는 과정

2006년 대한치매학회지에 실린 24명의 대학생을 대상으로 아로마향이 언어적 기억력에 미치는 영향을 분석한 결과에 따르면 아로마향을 맡은 실험군이 향을 맡지 않은 대조군에 비해 해당 언어를 더 많이 기억할 수 있었습니다. 연구자들은 아로마향을 맡으면 해마부위가 활성화되어 언어를 부호화하는 과정이 효율적으로 작동해서 이후에 더 많이 기억할 수 있다고 했습니다. 해마는 뇌의 변연계 안에 있고, 인지능력과 공

간기억을 저장하고 인출하도록 지휘하는 본부입니다. 지금도 변연계나 해마에 대해서는 밝혀지지 못한 부분이 많기 때문에 앞으로 더 흥미로운 결과들이 발표되리라 생각합니다.

폐를 통해 전달되는 경로에서는 향기분자가 기도를 통해서 폐로 들어가면 '폐포'라는 중요 관문을 만나게 됩니다. 폐포는 폐에 있는 포도송이처럼 둥글고 작은 공기주머니이고, 외부에서 들어온 신선한 산소와 몸에서 생긴 이산화탄소가 교환되는 장소입니다. 폐포는 탄력성이 있는 얇은 막으로 주위에는 아주 작은 혈관이 많이 있는데, 이 혈관을 통해서 향기분자가 전신으로 이동하게 됩니다.

또 다른 경로인 피부는 외부의 공격으로부터 방어하는 일차 장벽이기 때문에 아무 물질이나 통과할 수는 없도록 설계되어 있습니다. 에센셜오일의 향기성분들은 매우 작고 지방에 잘 녹는 지용성 물질이라서 피지선과 모낭 그리고 땀샘을 통해서 체내로 진입합니다 (그림4). 흡수된 향기성분들은 혈관과 림프를 통해서 몸 전체로 이동하고, 이동시간이 보통 20분에서 40분정도 걸린다고 합니다. 이 과정을 통해 가장 바깥에 있는 표피뿐 아니라 혈관이 발달한 진피층까지도 영양을 공급하여 진정시키고 탄력을 주며 윤이 나게 해줍니다. 에센셜오일은 피부 세포를 자극하여 재생을 촉진하고, 기름에 잘 녹기 때문에 림프액을 통해서도 순환하며 독성물질이 쌓이지 않도록 도와줍니다.

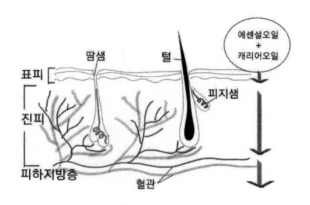

그림4 에센셜오일이 피부를 통해서 흡수되는 과정

　항기분자가 피부를 통해 흡수될 때 후각과 폐 호흡으로도
이동할 수도 있습니다. 이 세가지 경로를 통한 이행은 거의
동시에 진행될 수 있습니다. 따라서 항상 소량부터 사용하고
강하게 들이마시지 말고 일정 거리를 두고 천천히 호흡하는
것이 좋습니다.

6 에센셜오일마다 다르고 풍부한 향기성분

식물들은 주위의 흙과 공기중에서 탄소(C), 수소(H), 산소(O)와 같이 아주 작은 원소를 가져와서 자신이 필요로 하는 물질을 생산합니다. 건물을 지을 때 기본 골격을 먼저 세우고 원하는 구조로 확장시키는 것처럼, 식물도 먼저 탄소로 기본 골격을 세우고 다른 원소들을 가져와서 결합하거나 배열을 조정하면서 필요한 물질을 만듭니다. 골격이 되는 탄소를 소량 쓰면 작고 가벼운 물질이 되고, 많이 사용하면 크고 무거운 물질이 됩니다. 수증기 증류법을 통해 생산되는 대부분의 에센셜오일에는 식물이 만든 물질 중에서 상대적으로 작고 가벼운 성분들이 들어있습니다. 반면에 한약은 탕약기에 재료를 넣고 고아내는 방식을 쓰기 때문에 보다 무겁고 큰 성분들도 있습니다.

에센셜오일의 향기성분들은 가볍기 때문에 휘발성이 강하며, 주로 '테르페노이드'라고 불리는 계열에 속합니다. 테르페노이드계에 속하지 않는 에스테르계, 페놀계, 에테르계, 케톤계, 알데하이드계, 옥사이드계, 락톤계까지 총 여덟가지 계열 안에 현재 우리가 아는 대부분의 향기성분들이 속합니다.

테르페노이드계 향기성분들은 저장주머니를 가진 특정 세포에서 만들어져서 필요한 시간에 공기중으로 방출됩니다. 아무 때나 무작위적으로 방출되는게 아닙니다. 일부 물을 좋아하는 성질이 있긴 하지만 대부분 기름에 대한 친화력이 훨씬 높습니다.

테르페노이드를 만드는 시작물질은 '이소프렌'입니다 (그림 5). 탄소 다섯개의 기본 골격에 그 주위를 수소가 둘러싸고 있는 구조입니다. 이소프렌 두개가 결합되면 모노테르펜, 이소프렌 세개가 결합되면 세스퀴테르펜이라고 합니다. 이 기본 뼈대에 서로 다른 기능기*가 붙으면 다른 효능이 나타납니다.

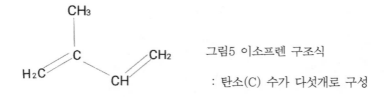

그림5 이소프렌 구조식

: 탄소(C) 수가 다섯개로 구성

더 자세히 분류하면, 모노테르펜이나 세스퀴테르펜에 기능기가 없는 **탄화수소계**와 기능기로 수산기(-OH)가 붙어 있는 **알코올계**가 있습니다. 탄화수소계와 알코올계가 대부분의 에센셜오일의 주성분이지만, 해당 오일의 효과가 주요 성분에 의해서만 결정되는 것이 아니라는 사실을 기억하면 좋겠습니다.

---

*기능기: 동일한 화학적 특성을 나타내는 한 무리의 화합물 (예: 수산기)

각각의 특징에 대해 알아보겠습니다.

▶ 탄화수소계(Hydrocarbons)에 속하는 모노테르펜과 세스
  퀴테르펜이 있습니다.

모노테르펜 탄화수소는 작고 가벼워서 쉽게 휘발되어 다른 성분에 비해 빠르게 후각을 자극합니다. 감귤류 오일에 많이 들어있고 블렌딩했을 때 가장 빨리 알 수 있는 향입니다. 다량 사용하면 피부에 자극을 줄 수 있고, 쉽게 산화될 수 있으니 신경써서 보관하세요. 방부효과, 진통효과, 호흡기계 순환효과, 혈액 순환 증가효과, 세균억제 효과를 나타냅니다.
대표성분: 리모넨, 알파-피넨, 베타-피넨, 미르센, 사비넨

세스퀴테르펜 탄화수소는 항염 효과, 바이러스 억제효과, 알러지 예방 효과가 있고, 각 오일마다 구성비율에 따라 기대효과가 달라지기 때문에 일괄적으로 언급하기 어려운 부분이 있습니다. 모노테르펜 탄화수소에 비해 무거워서 블렌딩을 하면 향이 오래 지속되고, 조금만 넣어도 다른 향을 지배하는 경우도 있으니 소량으로 시작해보세요. 저먼캐모마일과 같은 국화과 오일에 있고, 전반적으로 안전하게 사용 가능합니다.
대표성분: 카리오필렌, 카마줄렌, 비사보렌, 징기베렌, 파넨센

▶ 알코올계(Alcohols)에 속하는 모노테르펜과 세스퀴테르펜
  이 있습니다.

모노테르펜 알코올은 구조적으로 모노테르펜 탄화수소와 유사하지만 기능기로 수산기(-HO)가 붙어 있고, 상쾌한 느낌을

주며 진정효과도 있습니다. 세균, 바이러스와 곰팡이 모두에 대한 억제 작용이 탁월하며, 전반적으로 안전하게 사용할 수 있습니다. 단, 페퍼민트 오일처럼 멘톨이 들어있으면 자극을 일으킬 수 있기 때문에 어린 아이들에게는 사용하지 않습니다.

대표성분: 리나롤, 제라니올, 멘톨, 터피네올

세스퀴테르펜 알코올에도 수산기가 있고, 모노테르펜 알코올에 비해 향의 지속시간이 길고 다른 향을 지배하는 경향이 있습니다. 염증 억제 효과가 뛰어나고, 면역 보강 효과, 진정 효과, 림프나 정맥 순환을 개선시키는 효과를 기대할 수 있습니다. 저먼캐모마일 오일에 있는 비사보롤이 속합니다. 전반적으로 안전하게 사용 가능합니다.

대표성분: 비사보롤, 산타롤, 파네솔, 징기베롤

► 에스테르계(Esters)

에스테르 함량이 높을수록 과일향이 나고, 염증 억제 효과가 높으며, 전체적인 균형유지에 도움이 됩니다. 경련을 가라앉히고, 진정시키는 효과가 뛰어난 로먼캐모마일과 자스민 오일에 많이 있습니다. 반면 메틸 살리실레이트가 포함된 윈터그린 오일은 시원하고 상쾌한 향이 나서 파스 같은 냄새라고 말하는 사람도 있습니다. 에스테르계라도 다 비슷한 향이 나는 건 아닙니다.

대표성분: 리나릴 아세테이트, 제라닐 아세테이트,

벤질 아세테이트, 메틸 살리실레이트

► 페놀계(Phenols)

페놀은 매우 활성이 높고 자극적인 성분입니다. 타임, 오레가노, 클로브버드 오일에 있는데 항균력도 매우 강하고 얼얼할 정도의 자극을 주어 신경계를 긍정적인 방향으로 상기시키는 효과도 있지만 피부와 점막에 자극을 줄 수 있습니다. 따라서 저농도로 희석하여 단기간 사용하는 것을 추천합니다.

대표성분: 티몰, 카바크롤

► 에테르계(Ethers)

에테르 함량이 높을수록 방부효과가 증가하고 경련 억제 효과도 증가됩니다. 하지만 이 계열의 오일은 간독성을 유발할 수 있고, 에스트로겐처럼 작용할 수도 있고, 신경독성을 나타낼 수 있다고 보고되어 있어서 주의를 가지고 사용해야 합니다. 클로브버드 오일의 유게놀, 펜넬 오일의 아네톨과 바질 오일의 메틸 차비콜이 대표 성분입니다.

대표성분: 유게놀, 아네톨, 메틸 차비콜

► 케톤계(Ketones)

케톤이 담을 제거하여 묽게 만드는 효과가 있어서 이 성분이 포함된 오일은 호흡기계 감염에 사용합니다. 하지만 영유아의 호흡기에 쓰기에는 부담이 될 수도 있고, 경구 복용할 경우 발작을 일으킬 수 있습니다. 신경계를 과도하게 자극할 수 있기 때문에 주의를 가지고 사용해야 합니다. 페퍼민트, 히솝, 세이지, 로즈마리 오일에 있습니다.

대표성분: 피노캄폰, 튜존, 캠퍼, 버베논, 자스몬

▶ 알데하이드계(Aldehydes)

알데하이드는 항균효과가 강하고, 곰팡이균 억제 효과도 탁월합니다. 그러나 쉽게 산화되고, 피부를 자극할 수 있어서 단기간 사용하도록 권하는 오일입니다. 1%의 저농도에서도 자극감을 느낄 수 있으니 매우 주의해서 희석하세요. 주로 벌레 퇴치 목적으로 사용되고, 멜리사와 레몬그라스 오일이 있습니다.

대표성분: 시트로네랄, 시트랄, 제라니알

▶ 옥사이드계(Oxides)

대표 성분은 1,8-시네올로 점막을 자극해서 점액을 제거하므로 호흡기 질환에 탁월한 효과를 가지며, 항균 작용도 있습니다. 유칼립투스 오일에 있는 옥사이드는 전체 성분 중 약 80%를 차지하고, 로즈마리 오일에는 약 40% 정도 있다고 합니다. 감기나 기관지염과 같은 호흡기 질환에 효과적이긴 하지만, 이 성분에 민감한 사람은 오히려 지나치게 자극이 되어 더 불편해질 수 있습니다.

대표성분: 1,8-시네올, 1,4-시네올

► 락톤계(Lactones)

버갑텐과 쿠마린이 대표 성분입니다. 주로 감귤류 오일에 있고, 피부 마사지 후에 해당부위가 햇빛에 노출되면 자극을 받을 수 있고 발암성분으로 작용할 수 있어서, 최소 12시간에서 18시간이 지나고 햇빛에 노출하는게 좋습니다.

대표성분: 버갑텐, 쿠마린

표 1 화학구조식에 따른 에센셜오일의 분류

분류		대표성분
탄화수소계	모노테르펜 탄화수소	리모넨, 알파-피넨, 베타-피넨, 미르센, 사비넨
	세스퀴테르펜 탄화수소	카리오필렌, 카마줄렌, 비사보렌, 징기베렌, 파넨센
알코올계	모노테르펜 알코올	리나롤, 제라니올, 멘톨, 터피네올
	세스퀴테르펜 알코올	비사보롤, 산타롤, 파네솔, 징기베롤
에스테르계		리나릴 아세테이트, 제라닐 아세테이트, 벤질 아세테이트, 메틸 살리실레이트
페놀계		티몰, 카바크롤
에테르계		유게놀, 아네톨, 메틸 차비콜
케톤계		피노캄폰, 튜존, 캠퍼, 버베논, 자스몬
알데하이드계		시트로네랄, 시트랄, 제라니알
옥사이드계		1,8-시네올, 1,4-시네올
락톤계		버갑텐, 쿠마린

7 향기성분에 따라 효과가 다양해집니다

로즈마리, 페퍼민트, 타임처럼 일상생활에서도 쉽게 접할 수 있는 식물이 에센셜오일의 재료라는 사실에서 알 수 있듯이 에센셜오일은 대부분 큰 부작용이나 중독의 위험없이 사용 가능하고, 한가지 오일에서도 다양한 효과를 기대할 수 있습니다. 단, 농축액이기 때문에 허용량 이내에서 제대로 된 방법으로 사용하는 경우만 해당됩니다.

에센셜오일은 식물의 방어물질이자 자가치료제이므로 기본적으로 세균, 바이러스와 곰팡이 억제 효과가 있고, 염증을 억제할 수 있습니다. 각각의 오일이 한가지 성분으로만 되어 있지 않고 많은 약리성분들이 혼합되어 있다는 점도 독보적인 특징입니다. 함유된 성분이나 함량에 따라서 식물마다 기대하는 효과가 다양하지만, 종합적으로 정리해보면 아래와 같습니다.

- 세균, 바이러스, 곰팡이 억제 및 사멸
- 통증과 경련 억제
- 소화와 담즙분비 촉진
- 혈액순환과 림프순환 촉진

- 정신적 이완, 진정, 스트레스 완화
- 근육과 신경계 강화
- 호흡기계 점액용해
- 면역강화
- 피부미용
- 호르몬 분비조절

위에 열거된 내용대로라면 거의 만병통치약이 아닐까라고 생각되실 것 같습니다. 단 사용량, 사용 부위, 적용 방법에 따라 개인차가 있다는 사실을 기억해주세요. 모두에게 동일하게 일정한 효과가 나타나는 것은 아닙니다.

8 추출 부위에 따라 효과가 다릅니다

에센셜오일은 대부분 수증기 증류법으로 생산하기 때문에 해당 식물이 가지고 있는 모든 성분을 추출할 수는 없습니다. 간혹 식물 전체의 약리 작용을 마치 해당 에센셜오일의 효능인 것처럼 설명하는 경우도 있는데 식물 전체 효과와 에센셜오일의 효과가 동일하지 않은 경우도 있습니다. 또한, 식물은 추출 부위에 따라 향기성분이 달라져서 그 효과도 달라집니다. 예를 들면 비터오렌지 꽃에서 얻은 네롤리 오일은 신선한 꽃향이 나고 리모넨이 상당량 들어있지만, 비터오렌지 잎과 잔가지에서 얻은 페티그레인 오일은 리나릴 아세테이트가 많이 들어있고 부드러운 풀 향이 납니다

에센셜오일의 주요 추출부위는 꽃, 잎, 열매나 씨, 수지, 나무 혹은 나무껍질, 뿌리, 과일껍질입니다 (그림6). 오일마다 향기성분이 달라서 일률적인 효과를 기대할 수는 없지만, 추출 부위가 같다는 이유로 동일하게 기대하는 효과들이 있습니다.

이 장에서는 과학적인 근거를 기초로 하기보다, 에센셜오일을 오랜 시간 사용해본 결과 추출 부위가 같은 경우 일부 일치하는 경험치가 쌓이면서 생기게 된 기대효과에 대해 설명하

겠습니다.

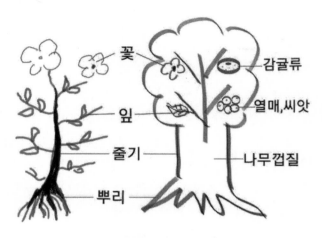

꽃
감귤류
잎
열매,씨앗
줄기
나무껍질
뿌리

그림6 에센셜오일의 추출부위

► 꽃 오일

꽃에서 추출한 오일은 네롤리, 라벤더, 로즈, 로즈마리, 마조람, 멜리사, 바질, 일랑일랑, 자스민, 제라늄, 캐모마일, 클라리세이지, 클로브버드와 타임입니다. 꽃은 식물에서 생식기능을 담당하고 있어서 호르몬 조절작용과 재생 효과를 기대합니다. 이런 유사 효과는 네롤리, 로즈, 일랑일랑, 자스민, 제라늄, 클라리세이지 오일에서 기대하며, 일반적으로 월경이나 폐경기 증후군 증상을 조절하기 위해 사용합니다. 라벤더 오일은 모든 연령에서 사용할 수 있을 만큼 안전한 것으로 알려져 있습니다.

꽃과 다른 부분도 같이 넣어서 추출한 오일은 기대하는 효과가 달라질 수 있습니다. 로즈마리 오일은 꽃뿐 아니라 잎과 가지에서도 추출하고, 흡입법이나 발향을 통해 호흡기계 증상을 감소시키려고 사용합니다. 마조람 오일은 꽃과 잎에서 추출하고 스트레스를 낮추는 효과가 있습니다. 멜리사 오일도 꽃과 잎에서 추출하며 신경의 긴장 상태를 풀기위해 사용합니다. 바질 오일은 꽃봉오리와 잎에서 추출하고 소화기계 증상에 자주 사용합니다. 클로브버드 오일은 말린 꽃봉오리에서 얻고, 타임 오일은 꽃과 잎에서 추출하는데 둘 다 통증억제 작용이 탁월합니다.

► 잎 오일

잎에서 추출한 오일은 로즈마리, 레몬그라스, 마조람, 멜리사, 바질, 사이프러스, 시나몬, 유칼립투스, 제라늄, 타임, 티트리, 파인과 페퍼민트입니다. 잎은 나무나 풀에서 차지하는 면적이 크고, 광합성을 진행하고 이산화탄소와 산소가 교환되는 부위라서 호흡기를 강화하고, 충분한 면역을 유지하고, 순환을 촉진하는 효과를 기대합니다. 호흡기를 편하게 해주는 효과는 마조람, 사이프러스, 유칼립투스, 타임, 티트리, 파인과 페퍼민트 오일에 있습니다. 레몬그라스는 풀이기 때문에 땅 위에 노출된 부위 전체가 재료가 되며, 오일은 근골격계의 순환 촉진에도 쓰이지만 소화기를 자극할 목적으로 더 많이 사용합니다.

► 열매나 씨 오일

열매나 씨에서 추출한 오일은 블랙페퍼, 주니퍼베리, 펜넬이 있습니다. 이 부위는 일반적으로 소화와 혈액 순환을 촉진하고 이뇨 작용이 있을 것을 기대하는데, 이에 부합하는 오일은 블랙페퍼 오일입니다. 주니퍼베리 오일은 순환을 도와 통증을 완화시키는 효과가 있고, 펜넬 오일은 소화 촉진과 근골격계 이완에 사용합니다.

► 수지 오일

나무껍질에서 흘러나오는 진액인 수지에서 추출한 오일은 미르와 프랑켄센스가 있습니다. 수지의 구성물질들이 나무껍질을 건강하게 유지하는 역할을 하기 때문에, 살균과 소독을 통한 상처 치유, 피부 보습, 마음을 안정시키는 효과를 기대합니다. 미르와 프랑켄센스 오일은 오랫동안 사용되었기 때문인지 기대하는 효과에 부합하는 경향이 있습니다.

► 나무나 나무껍질 오일

나무나 나무껍질에서 추출한 오일은 로즈우드, 샌달우드, 시더우드 그리고 시나몬입니다. 우드(wood)란 이름만 봐도 흔들리지 않고 중심을 잡고 서있을 것 같습니다. 이 부위의 오일은 근골격계를 강화하고, 진정작용이 있고, 비뇨생식기 감염을 예방할 목적으로 사용합니다. 나무가 원료인 오일들은 기대 효과에 부합하는 경향이 있지만 지나친 벌목으로 가격이

상승해서 구하기가 어려운 상황입니다. 시나몬 오일은 나무껍질과 잎이 원료이고 소화기계 증상을 조절하고 면역을 강화하기 위해 사용합니다.

► 뿌리 오일

뿌리에서 추출한 오일은 베티버와 진저가 있습니다. 뿌리는 깊이 박혀있는 부위로 식물 전체의 균형을 유지하는 역할을 하므로 신경계를 안정시키고, 통증 감소를 기대합니다. 진저 오일이 이와 같은 효과가 있습니다. 베티버 오일은 심신을 안정시키는 용도로 사용합니다.

► 과일 껍질 오일

과일 껍질에서 추출한 오일은 그레이프프룻, 레몬, 만다린, 버가못과 오렌지입니다. 해당 오일의 원료가 되는 자몽, 레몬, 귤, 오렌지 껍질을 깔 때 맡으신 향과 비슷합니다. 기분을 전환시키고, 살균작용을 하고 소화기 증상을 개선시킬 것으로 기대합니다. 감귤류가 그런 것 같습니다.

9 최상의 제품을 고르기 위한 체크포인트

효과적인 아로마테라피를 하기위해서 품질이 좋은 오일을 사용해야 합니다. 식물도 사람처럼 어떤 유전적 특성을 지녔는가, 어떤 환경에서 자라났는가에 따라 품질이 달라집니다. 어느 부위를 언제 수확했는지, 추출하기 전에 어느 정도 숙성했는지에 따라서도 차이가 납니다. 다 자란 식물이라도 한밤중에 채취하는 것과 해가 뜬 후 채취하는 것에 따라 성분 비율이 달라지는 경우도 있습니다.

에센셜오일의 품질이 이렇게 여러 요인에 따라 변화될 수 있기 때문에 최상의 제품을 고르기 위해 다음과 같은 정보를 확인하는 것이 필수적입니다. 라벨을 통해 아래의 체크포인트를 꼼꼼하게 확인한다면 최상의 제품을 고를 가능성이 높아지게 됩니다 (그림7). 만약 관련 정보가 제대로 표기되어 있지 않다면 섞음질*이 되었거나 순수한 오일이 아닐 수 있습니다.

---

*섞음질: 저렴한 동일성분 혹은 유사성분의 천연오일이나 합성물질을 첨가하거나, 캐리어오일의 비율이 표시량보다 많아서 오일의 품질과 순도를 떨어뜨리는 행위

► 전체 학명

 린네 분류체계로 작성된 전체 학명을 확인하세요. 린네 분류란 스웨덴의 식물학자인 칼 폰 린네가 고안한 이명법을 이용해서 표기하는 것인데, 한 종(species)의 이름을 속명과 종명으로 표시합니다. 속명을 먼저 쓰고 첫 글자는 항상 대문자로 표기하고, 종명은 소문자로 쓰고, 전체명은 이탤릭체로 씁니다. 예를 들면 라벤더의 학명은 라반둘라 앵거스티폴리아(*Lavandula angutstifolia*)인데, 라반둘라는 속명이고, 앵거스티폴리아는 종명입니다. 만약 비슷한 종에 속하는 아종이라면 *subsp.*, 전혀 다른 변종이라면 *var.*이라고 표기합니다.

► 원산지

 원산지가 식물에 큰 영향을 미치게 됩니다. 같은 종, 같은 속에 속한 식물이라도 환경에 따라 주성분이 달라진 것을 '케모타입'이라고 합니다. 예를 들면 로즈마리 오일은 세가지 케모타입이 유명한데 프랑스에서 수확한 버베논 타입, 튀니지에서 수확한 1,8-시네올 타입, 스페인에서 수확한 캠퍼 타입이 있습니다. 각 타입별로 기대하는 효과와 안전성이 다릅니다.

► 제조국과 국가

 해당 오일의 제조국이 정부 차원에서 품질에 대한 기준을 마련해서 관리하고 있는지도 중요합니다. 예를 들면 영국은 약학표준기준을 정해 이에 따라 에센셜오일의 질을 표준화하기 위한 제도적인 노력을 하고, 호주는 치료를 목적으로 하는 에센셜오일을 생산하기 위해 제조 및 품질관리기준을 마련하여 유통관리하고 있습니다.

► 추출방법

식물에 따라 추출방법이 달라집니다. 대부분의 오일은 수증기 증류법으로 추출하고, 감귤류에 속하는 오일은 압착법으로, 로즈 오또 오일은 재증류법으로, 자스민 앱솔루트 오일은 용매추출법을 사용합니다. 이외에도 냉침법, 이산화추출법도 있습니다. 하지만 자스민 앱솔루트를 제외하고 추출법이 라벨에 따로 표시되어 있는 경우는 거의 없습니다.

► 순도

일반 소비자가 에센셜오일의 순도를 알아내기란 어려운 일입니다. 공급자들이 불순물이나 질이 낮은 유사 오일과 섞어 좋은 품질인 것처럼 만드는 섞음질을 할 수 있으니 라벨의 내용을 확인하는 것이 기본입니다. 오일 가격이 너무 싼 경우도 일단 의심해 보아야합니다.

► 유효기간

각 오일마다 유효기간이 표기되어 있습니다. 일반적으로 감귤류 오일은 공기 접촉에 의한 산패가 빠르므로 개봉 후 가능하면 빨리 사용하는 것이 좋습니다.

라벨만으로 확인하기 어려울 경우 간단한 실험을 통해 육안으로 확인해 볼 수도 있습니다. 오일 한방울을 손가락 위에 떨어뜨렸을 때 대부분의 에센셜오일이 흘러내리면서도 피부로 스며드는 느낌이 드는데, 오히려 기름기가 많이 느껴지면 식물성 오일과 혼합되었을 가능성이 있습니다. 물에 떨어뜨렸을 경우는 물에 떠야 하는데 오히려 잘 섞이거나 물이 탁해지면 유화제가 섞여 있을 수도 있습니다. 순수한 에센셜오일은 휘발성이 강해서 종이에 떨어뜨렸을 때 일부 색이 진한 오일을 제외하고 흔적을 남기지 않는데, 마르고 나서 지저분한 흔적이 남으면 순도에 대해 의심해 보아야 합니다.

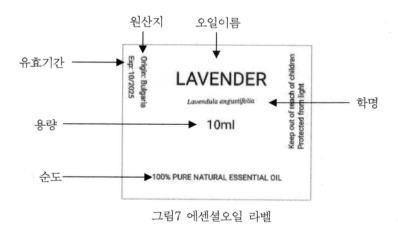

그림7 에센셜오일 라벨

10 향기요법을 즐기는 다양한 방법

에센셜오일은 다양한 방법으로 아주 쉽게 사용할 수 있습니다. 가장 손쉬운 방법은 후각경로를 이용하는 '흡입법'입니다. 특별한 준비물 없이도 티슈 위에 몇 방울 혹은 손수건 위에 몇 방울 아니면 겉옷 위에 몇 방울 떨어뜨려 그 향을 맡아도 도움이 됩니다. 이 방법이 건식 흡입법입니다.

만약 아로마 램프가 있다면 향을 증발시켜도 되고, 디퓨저가 있다면 네방울에서 다섯방울정도 떨어뜨려 사용할 수도 있습니다. 아로마 램프도 없고 디퓨저도 없다면 조금 큰 그릇이나 대야에 뜨거운 물을 붓고 한방울에서 네방울 정도의 오일을 떨어뜨려 20cm에서 30cm 정도의 거리를 두고 올라오는 스팀으로 감기나 기침같은 호흡기 질환에 적용할 수 있습니다. 이 때 에센셜오일 성분이 자극을 줄 수 있으니 눈을 감고 있는 것이 좋습니다. 이 방법이 습식 흡입법입니다. 두가지 흡입법 모두 피로와 스트레스로 긴장된 몸을 이완시키고 마음을 편하게 만드는 방법입니다.

에센셜오일이 피부로 쉽게 흡수되기 때문에 '마사지법'도 효과적입니다. 복통이나 생리통이 생기면 주로 복부를 중심으로 마사지해서 피로회복을 돕고, 전신 이완을 위해서는 전신

마사지를 합니다. 마사지할 때는 개인의 성향, 감정상태나 과거의 경험을 먼저 상담하고, 실내환경도 청결하고 편안한 상태에서 천천히 진행해야 효과적입니다.

마사지할 때는 각 오일에서 요구되는 안전성을 고려하고 원액 그대로 쓰지 않고, 가능한 소량으로 넓은 범위에서 충분히 흡수되도록 캐리어오일에 희석해서 사용합니다. 성인의 경우 몸에 사용할 때는 3%, 얼굴은 1%로 희석합니다. 몸에 사용할 때 유아는 0.1~0.5%, 어린이는 1~1.5%, 노인은 1~2%, 임산부는 1~2%를 권하고 성인도 동일한 부위에 장기간 사용할 때는 2% 미만으로 희석하는 것을 권장합니다. 캐리어오일과 섞어 마사지용 오일을 만든 후에도 바로 몸에 떨어뜨리기 보다 손에 몇 방울 떨어뜨린 후 몸의 일부에 먼저 마사지해보고 점차 부위를 넓혀가는 것이 좋습니다. 처음 사용하거나, 평소에 민감한 타입이라면 권장량보다 저농도로 시작해보세요. 질병이 있거나 치료약을 복용하고 있는 경우는 먼저 전문가와 상담하셔야 합니다.

에센셜오일이 전달되는 주요경로인 후각과 피부를 동시에 이용할 수 있는 또 다른 방법은 '바스법'입니다. 바스법은 전신, 반신, 족욕, 수욕 등 부위에 따라 적용할 수 있습니다. 발에 하는 족욕이나 손에 하는 수욕은 물의 량이 적으니 두세 방울 정도의 에센셜오일을 넣고 사용할 수 있지만, 욕조에서 전신욕을 하는 경우 다섯방울에서 여섯방울 정도의 에센셜오일이 필요합니다. 에센셜오일이 물에 잘 녹지 않기 때문에 골

고루 퍼지도록 만들기위해 캐리어오일, 꿀 혹은 천연소금에 먼저 섞어 놓은 후 물에 넣으면 조금 더 쉽게 전체로 분산되어 피부 자극도 줄어 들고 향기의 효과도 즐길 수 있습니다. 보통 15분에서 20분정도 해당 부위를 담그면 접촉된 피부를 통해서 향기성분이 전달되고 스팀을 통해 발향되어 후각을 통해서도 전달됩니다. 다만, 피부를 자극하는 성분이 있는 오일은 알레르기 반응이 일어날 수 있으니 안전성 여부를 확인하고 사용하세요.

11 안전하게 사용하는 것이 중요합니다

아무리 비싸고 좋아도 에센셜오일의 원액을 피부에 발라서는 안 되겠지요. 물론 가트포세가 화상을 입었을 때 라벤더 오일 원액을 사용했다거나 곰팡이 치료를 위해 단기간 해당 부위만 티트리 오일을 바를 수 있다는 예외사항이 알려지긴 했지만 에센셜오일 한방울 안에는 수 십개에서 수 백개 이상의 향기성분이 압축되어 있어서 항상 희석해서 사용하는 것이 좋습니다.

정확한 용량을 계량하기 위해서는 용기 입구에 드롭퍼가 있어 한 방울씩만 정량이 나오도록 만든 병에 담아야 합니다. 우리 속담에 '선무당이 사람 잡는다'라는 말이 있는데, 아로마테라피 할 때도 적용되는 것 같습니다. 대부분 맨 처음 사용하거나 블렌딩할 때는 한 방울씩 떨어지는 속도까지 느끼며 조심스럽게 사용하지만, 개별 에센셜오일이나 블렌딩오일에 대한 지식이나 관련 정보가 부족한 상태로 경험이 쌓이면 무심코 정말 아무 생각없이 '에이 이거쯤이야'하고 과감해지는 경향이 있습니다.

오일에 대한 알레르기 반응을 확인하기 위해서는 사용 전 패치테스트를 하시는 것이 좋습니다. 일단 사용할 에센셜오일을 캐리어오일에 희석하여 원하는 농도로 맞추고 팔뚝 안쪽에 두 세방울을 떨어뜨립니다. 그 위에 밴드를 붙이는데 밴드의 접착제 때문에 알레르기 반응이 일어날 가능성이 낮은 제품으로 사용하고, 해당 부위가 물에 젖지 않도록 주의해야 합니다. 최종 판단은 오일을 떨어뜨린 후 48시간정도에 하는 것이 좋으나 중간에 자극감과 같은 알레르기 증상이 나타나면 밴드를 제거하고 순한 비누와 물로 씻어내야 합니다

　본인에게 잘 맞는 오일이더라도 똑같은 오일을 연속적으로 오래 사용하지 않는 것이 좋습니다. 블렌딩할 때도 가능한 빨리 쓸 수 있는 양을 만들어서 사용하고 그 비율이나 구성을 변화시켜서 사용하는 것이 안전하게 오래 사용할 수 있는 방법입니다. 에센셜오일에 대한 반응은 개인마다 달라서 여러 명이 있는 공간에서는 너무 많은 량을 사용하거나 너무 오랜 시간 발향하는 것은 바람직하지 않습니다.

　아로마테라피에서 가장 흔히 사용되는 감귤류 오일의 대표적인 이상반응은 광과민입니다. 압착법으로 감귤류 오일을 추출하면 푸로쿠마린 성분이 같이 추출되는데, 햇빛과 같은 자외선에 노출되면 피부가 붉게 되거나, 색이 변하거나, 수포가 생길 수 있습니다. 그레이프푸룻, 라임, 레몬, 만다린, 버가못과 비터오렌지 오일이 대표적인데 마사지를 한 후 해당부위가 적어도 12시간에서 18시간 이내에는 햇빛에 노출되지 않도록 해야 합니다. 반면 스윗오렌지 오일은 광과민성이 상대적으로 약한 것으로 보고되어 있으며, 수증기 증류법을 이용해서 추

출한 감귤류 오일에는 푸로쿠마린이 없기 때문에 광과민성이 나타나지 않습니다.

가장 흔히 사용되는 흡입법이나 발향법으로 에센셜오일을 흡입하게 되었을 때는 두통, 어지러움, 토할 것 같은 느낌, 재채기와 같은 이상반응이 생길 수 있습니다. 이런 증상이 있다면 바로 환기시키거나 해당 장소에서 나와 환기가 잘 되는 곳으로 이동하시는 것이 좋습니다.

12 이렇게 보관하세요

에센셜오일은 빛, 습기 그리고 열에 의해 산패될 수 있기 때문에 자외선을 차단하는 차광기능이 있는 갈색이나 푸른색 유리병에 담아 햇빛을 피해 보관해야 합니다 (그림8). 그리고 통풍이 잘되는 습기가 없는 장소에 병을 세워 보관해야 됩니다. 기름이니까 불과 가까운 곳에 보관하면 안 됩니다.

그림8 보관방법

로버트 티저랜드와 로드니 영에 의하면 에센셜오일은 시원한 곳에 보관해야 하고, 냉장고도 좋은 장소라고 합니다. 다만 음식 냄새가 배이지 않고 오일의 향이 보존될 수 있도록 큰 보관용 수납상자에 담아 구별해서 넣어야 합니다.

에센셜오일이 공기 중에 노출되면 쉽게 휘발되고, 산화될 수 있기 때문에 사용 후 바로 뚜껑을 닫아야 하고, 개봉한 날짜를 기입하는 것도 좋은 방법입니다. 일반적으로 세스퀴테르펜의 함량이 높은 뿌리나 수지가 원료가 되는 오일은 추출한 날로부터 4년에서 8년까지 보관 가능하며, 산패의 가능성이 높은 모노테르펜이 많이 들어있는 감귤류는 1년에서 2년정도 보관 가능하다고 알려져 있습니다. 하지만 개봉을 했거나 사용하지 않았더라도 구입하고 12개월 이내에 사용하는 것을 추천하고, 산화되기 쉬운 감귤류 계열의 오일은 6개월 이상 되면 버리는 것이 좋습니다. 만약 희석하거나 블렌딩했다면 원래의 유효기간보다 보관기간이 감소될 수 있습니다.

미국 소비자관련 자료에 의하면 어린이가 에센셜오일 병을 열어 원액을 바르거나 눈에 튀는 등의 사고가 심심치않게 보고된다고 합니다. 어린이와 반려동물이 접근할 수 없는 곳에 보관하세요. 만약 눈에 오일이 튀었다면 손가락으로 눈꺼풀을 양쪽으로 벌린 후 최소 15분동안 흐르는 물로 세척하고, 피부에 묻었다면 최소 10분동안 흐르는 물로 세척한 후 말려야 합니다. 이러한 응급 조치 후에도 따갑거나 자극감이 있다면 병원에 가거나 전문가와 상담해야 합니다.

13 주연을 빛나게 해주는 캐리어오일

에센셜오일은 매우 진한 농축액이라서 '캐리어오일'이라는 다른 천연오일에 희석한 후 사용해야 합니다. 캐리어오일은 피부에 자극없이 안전하게 흡수되고, 주연이 되는 에센셜오일의 특성을 건드리지 않거나 더 빛나게 해주는 조연의 역할을 담당합니다. 주로 식물의 씨나 열매가 원료이기 때문에 '식물성오일', 에센셜오일을 이송하기 위한 운반물질로 사용하기 때문에 캐리어오일 또는 '베이스오일'이라고 합니다. 대부분 원재료를 넣고 세척한 후, 으깨고 일정 온도의 착유기에 넣어 압착해서 추출하기 때문에 '냉압착오일'이라고도 합니다. 또 방부제나 화학물질을 첨가하지 않고 압착하기 때문에 비정제오일이라고 합니다. 여러분이 잘 아시는 엑스트라버진 올리브오일도 이렇게 만들어집니다.

아로마테라피에서 사용하는 캐리어오일은 가능하면 비정제오일을 쓰는 것을 원칙으로 합니다. 자신의 향이 거의 없어서 주성분이 되는 오일의 향이 풍부하게 느껴지도록 만들거나, 주성분이 되는 오일의 향과 어우러져 색다른 향이 되도록 만듭니다. 이에 반해 단백질이나 다당류를 제거하고, 색과 향을 없애려고 방부제나 화학물질을 첨가하여 생산하는 정제오일이 있습니다.

아로마테라피용 비정제오일은 최소한의 이물질만 제거해서 원료에 따라 향, 색과 점도가 다를 수 있으며, 필수지방산, 미네랄, 비타민 등 유익한 성분이 소량있어서 때로는 적절한 캐리어오일을 선택하는 것만으로도 긍정적인 효과를 얻을 수 있습니다.

캐리어오일의 종류는 다음과 같습니다.

● 호호바 오일

쉽게 산화되지 않기 때문에 보존성이 좋습니다. 오메가6 지방산이 함유되어 있어 피부벽을 보호해주는 보습 효과가 있고 두피나 피부 질환 치료에도 사용됩니다. 모든 피부타입에 사용할 수 있어서 흔히 사용하는 오일입니다.

● 스윗아몬드 오일

불포화지방산과 비타민이 소량 포함되어 있어 피부보습과 영양에 도움이 되고, 민감한 피부에도 사용할 수 있고 빨리 흡수되기 때문에 건성피부에도 적합합니다. 주로 바디용으로 쓰입니다.

● 로즈힙 오일

냉압착방식이나 용매추출법을 통해 얻는데, 불포화지방산과 포화지방산이 들어 있어 피부 재생 목적으로 인기있는 오일입니다. 화상이나 수술 흉터 치료에 사용되고 노화로 인한 주름 감소목적으로 사용되어 왔습니다.

● 올리브오일

 엑스트라 버진이 최고 등급이고, 점성도 높은 편이고 무거운 느낌이 들어서 단독으로 사용하지 않고, 다른 가벼운 느낌의 오일과 혼합해서 사용하는 것이 좋습니다. 지방산, 단백질, 미네랄, 비타민과 같은 영양성분이 있어서 자극을 받은 피부회복에 도움이 됩니다.

● 아르간오일

 항산화물질이 많아 피부 재생에 도움이 되어 스킨케어 목적으로 많이 쓰입니다. 100% 원액으로 사용할 수 있으나 최상품은 가격이 비싸서 다른 오일과 혼합해서 사용하는 경우도 많습니다. 특히 건성피부와 노화피부에 사용합니다.

● 코코넛오일

 정제 오일과 비정제 오일이 판매되고 있습니다. 상온에서 고체인 비정제 오일은 코코넛향이 강하고 점성이 강해서 주로 비누와 같은 고체형태로 사용하고, 향이 제거되고 질감도 가벼운 정제오일은 주로 화장품 제조에 사용됩니다.

► 에센셜오일의 희석

에센셜오일은 점도가 다르기 때문에 1방울이 0.03ml에서 0.05ml 정도로 측정됩니다. 따라서 서로 다른 점도를 가진 오일들을 일정한 용량으로 블렌딩하기 위해 정해진 규칙이 있습니다. 드롭퍼마다 규격이 약간 다를 수는 있지만 '1그램 혹은 1밀리리터는 에센셜오일 20방울과 동일하다'는 원칙입니다.

이 원칙에 따라 총 5g 오일이 에센셜오일 1%가 되도록 희석하는 방법을 계산해보겠습니다. 총 5g 혹은 5ml 오일은 100방울로 환산됩니다. 100방울의 1%는 한방울이므로, 에센셜오일 한방울만 넣으면 됩니다 (그림9). 만약 10그램 혹은 10ml 오일을 2%로 만들려면 에센셜오일 네방울을 넣으면 됩니다. 블렌딩할 때는 빈 병을 준비하고 필요량의 에센셜오일을 먼저 넣은 후 캐리어오일을 넣어서 최종 용량을 맞추면 됩니다.

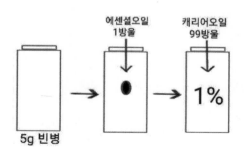

그림9 1% 에센셜오일 만들기

14 노트를 고려하는 매력적인 블렌딩

블렌딩이란 에센셜오일의 효과를 극대화하기 위해서 두가지 이상의 오일은 섞어서 또 다른 새로운 오일을 만드는 것을 말합니다. 한가지 오일만 사용하면 싱글 오일법이라고 하고, 두가지 이상의 오일을 사용하면 시너지 오일법이라고 합니다. 보통 세가지에서 일곱가지 정도의 오일을 섞어서 만듭니다.

여러 에센셜오일을 블렌딩하면 동일한 용량을 넣거나 더 적은 용량을 넣어도 먼저 후각을 자극하는 향이 있고, 중심을 잡아주는 향도 있고, 상대적으로 오래 지속되는 향도 있습니다.

에센셜오일의 향이 공기중으로 확산되는 정도와 휘발성을 기준으로 향이 얼마나 빨리 후각을 자극하고 얼마나 오래 지속되는가를 '노트(note)'란 용어로 표현합니다. 일반적으로 탑 노트, 미들 노트, 베이스 노트로 나눕니다 (그림10).

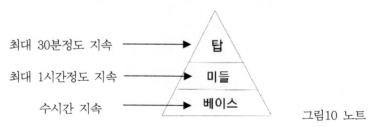

최대 30분정도 지속 → 탑
최대 1시간정도 지속 → 미들
수시간 지속 → 베이스

그림10 노트

탑 노트는 가장 휘발성이 높아서 뚜껑을 열었을 때 먼저 감지되는 향이고 최대 30분 정도 지속됩니다. 따라서 블렌딩한 오일에 대한 첫인상을 결정하는 향입니다. 물론 블렌딩하면 기존과 다른 향이 나기도 하지만, 탑 노트의 위력은 무시할 수 없습니다. 대부분의 감귤류 즉, 그레이프프룻, 라임, 레몬, 버가못, 스윗오렌지 오일이 속하고, 레몬그라스, 바질, 블랙페퍼, 유칼립투스, 파인, 페파민트, 타임과 티트리 오일이 속합니다. 버가못, 레몬그라스, 블랙페퍼와 페퍼민트 오일은 미들 노트로 분류되는 경우도 있습니다.

미들 노트는 말 그대로 전체 향의 몸통 부분이 되며 최대 1시간 정도 지속될 수 있습니다. 매콤한 향인 클로브버드와 시나몬 오일이 속하고, 꽃 향인 네놀리, 라벤더, 로먼캐모마일, 저먼캐모마일, 제라늄 오일이 속합니다. 이외에도 로즈마리, 로즈우드, 로즈 오또, 마조람, 사이프러스, 주니퍼베리, 진저, 클라리세이지, 팔마로사, 페티그레인, 펜넬 오일이 있습니다. 로즈오또 오일은 베이스 노트로, 진저 오일은 탑노트로 고려되는 경우도 있습니다.

베이스 노트는 상대적으로 휘발성이 낮아서 가장 오래 지속되는 향으로 수시간동안 지속될 수 있습니다. 다른 향을 가릴 수 있기 때문에 상대적으로 소량 첨가합니다. 로즈 앱솔루트, 미르, 베티버, 샌달우드, 일랑일랑, 시더우드, 자스민, 파출리, 프랑켄센스 오일이 속합니다. 일랑일랑과 시더우드 오일은 때로 미들 노트로 보는 경우도 있습니다.

블렌딩할 때는 탑 노트를 가장 많이 넣고, 미들 노트, 베이스 노트 순으로 양을 줄이는데 5:3:2 혹은 3:2:1 비율이 많이 쓰입니다. 하지만 자신이 좋아하는 향이 다 미들 노트라서 위와 같은 원칙을 무시하고 혼합한다고 해서 큰 문제가 생기는 것도 아니고, 블렌딩 후 숙성시키고 향을 맡아보면 기존과 다른 새로운 향으로 느껴지는 경우도 있기 때문에 앞서 언급한 블렌딩 비율이 절대적인 것은 아닙니다. 처음 블렌딩할 때는 개인의 취향에 따라 두가지 정도만 섞어서 향의 변화를 보시는 것도 재미있으실 겁니다.

제2부 혼자서도 멋진 에센셜오일

1 화상을 입은 가트포세가 선택한 라벤더 오일

아로마 오일에 전혀 관심이 없어도 세탁세제, 섬유유연제, 샴푸 등 생활용품에 들어있는 라벤더 향을 기억하시는 분은 많으실 거예요. 그러나 천연 라벤더 오일의 향은 상상하시는 그 향과는 전혀 다릅니다. 꽃봉오리를 수증기 증류해서 얻은 오일이라서 매우 향기로울 것 같지만, 라벤더가 속한 꿀풀과에서 나는 독특한 허브향 때문인지 처음으로 라벤더 오일 향을 맡아보면 '어..이게 꽃향이야?'라고 생각할 수도 있습니다.

라벤더 오일은 미들 노트에 속하는 약방의 감초 같은 오일로 중재자처럼 오일 간의 밸런스를 맞추어 주기 때문에 블렌딩할 때 가장 많이 사용됩니다. 다른 오일들은 원액 사용을 금지하지만, 라벤더 오일은 필요한 경우 희석하지 않고 직접 피부에 바를 수도 있습니다.

피부에 라벤더 오일을 사용한 가장 유명한 일화가 있습니다. '아로마테라피'란 용어를 처음으로 정의했던 르네 모리 가트포세가 연구실에서 큰 화재가 나서 화상을 입은 손에 라벤더 오일을 발랐더니 염증이 억제되고 통증도 줄어들었다고 합니다. 그 당시에는 화상이 심해지면 목숨을 앗아갈 수 있는 질병인 가스괴저병으로 이어져서 문제가 되었는데 이런 심각한 상태로 진행되는 것을 막은 겁니다. 이 사건으로 인해 가트포세가 아로마테라피에 더욱 확신을 갖게 되었을 겁니다.

원료를 기준으로 판매되는 종류를 나누면, 라반듈라 앵거스티폴리아가 원료인 '트루 라벤더', 라반듈라 라티폴리아가 원료인 '스파이크 라벤더', 트루 라벤더와 스파이크 라벤더의 혼합종인 '라반딘'이 있습니다.

트루 라벤더 오일에는 모노테르펜 알코올 계열의 리나롤과 에스테르 계열의 리나릴 아세테이트가 있어서 살균효과가 있고, 몸과 마음을 편안하게 이완시키는 향으로 불안할 때 사용하면 진정되고 안정되도록 도와줍니다. 이 때의 진정은 과도한 안정상태로 이끄는 것이 아니라 이완과 편안함을 유도하는 부교감신경을 활성화해서 예민하고 불안한 상태의 교감신경과 균형을 이루도록 도움을 주는 방식으로 작용합니다 (그림11). 따라서 불안과 우울 상태 모두에 사용할 수 있습니다. 정반대의 상황이지만 아로마테라피에서는 두 증상이 모두 정신적인 균형이 무너졌기 때문이라고 인식합니다.

'마음을 치유하는 아로마테라피'의 저자 가브리엘 모제이에 따르면 라벤더 오일은 열을 식히며 발산하는 작용이 있어 염증, 경련, 통증이 감소되도록 도움을 준다고 합니다. 적용해보면, 피부염, 과도한 긴장으로 인한 두통, 월경전증후군, 근육통에 사용할 수 있습니다.

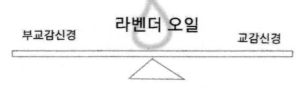

그림11 균형을 잡아주는 라벤더 오일

스파이크 라벤더와 라반딘 오일은 트루 라벤더 오일에 비해 캠포 함량이 높아서 향이 강하지만 근골격계 통증을 감소시키기 위해 추천되기도 합니다. 그러나, 안전하게 사용하기 위해서는 트루 라벤더 오일이 적합하고, 모든 피부 타입에 쓸 수 있으며, 어린아이부터 노인까지 다양한 연령층에서 사용할 수 있습니다. 벌레에 물렸거나 여드름이 있거나 가려움증을 감소시키기 위해서도 사용합니다.

고혈압 환자의 경우 과량 사용하면 저혈압 관련 증상을 경험할 수 있으니 주의를 기울이셔야 합니다. 임산부의 경우 초기에는 사용을 금하고 꼭 사용해야 한다면 중기 이후에 전문가와의 상담이 필요합니다. 2017년 대체보완의학저널에 발표된 연구에서 16주에서 36주사이의 임부에게 2% 라벤더 오일로 2주에 한 번씩 총 10회 발마사지를 한 결과 스트레스를 완화시키는 효과가 있었습니다. 하지만 임신 전기간을 거쳐 사용하지 말라고 권고하는 자료도 있으며, 일반적으로는 1% 미만으로 사용합니다. 분만할 때 통증을 억제하고 불안감을

완화시킬 목적으로 사용하기도 합니다. 임산부를 대상으로 실
시한 연구가 많지는 않으니 참고하세요.

라벤더(Lavender) 오일 핵심정리
- 학명: *Lavandula angustifolia*
- 과명: 꿀풀과
- 노트: 미들
- 주요적응증: 화상, 벌레물림, 불안, 우울, 두통, 월경전증후군, 근육통

2 톡톡 튀는 향으로 벌레를 쫓는 레몬 오일

레몬은 보기만 해도 상쾌하고 밝고 신선한 느낌이 듭니다. 그건 단순히 시각을 자극하는 노란색 껍질 때문만은 아닌 것 같습니다. 혹시 이전에 경험해 본 레몬 향기로 인한 것은 아닐까요?

레몬 오일은 뚜껑을 열자 마자 "이게 진정한 탑 노트의 향이야"라고 말하듯 아주 가볍고 싱그러운 산미로 다른 향들은 쫓아오지도 못할 정도로 빠르게 뛰어와서 코 끝을 자극합니다. 그래서 시원하고 상쾌한 향을 만들 때나, 아침에 일어났을 때 의욕이 없고 에너지가 없을 때도 사용합니다. 기분을 좋게 만들고 뇌를 자극해서 뭔가 정체된 것들이 흐르도록 해줍니다.

2003년 대한이비인후과학회지에 발표된 논문에서도 열한명의 정상 성인에게 흡입기를 이용해서 레몬 오일의 향을 맡게 한 후 고해상도의 자기공명영상 촬영을 해보니 뇌에서 특히 후각 관련 영역이 활성화되었다고 보고했습니다. 뇌의 활성화가 어떠한 결과를 만들 수 있는지에 대해서는 더 많은 연구가 필요하다고 생각합니다.

레몬 오일은 리모넨을 주성분으로 한 모노테르펜 탄화수소 계열의 함량이 높고, 항균력이 높아 감기에 걸렸을 때나 염증이 있을 때 사용합니다. 소화가 안되거나 속이 메스꺼울 때 레몬 오일 마사지를 하면 좋습니다. 왼쪽 아랫배 쪽에서 시작해서 시계방향으로 서서히 돌리면서 마사지하면 복부에 생긴 경련을 억제하고 위장 운동이 원활해지도록 도와줍니다. 여름에 모기나 해충퇴치제를 만들 때 사용하는 필수 오일입니다.

레몬 오일은 혈액의 흐름을 원활히 해주고, 노폐물 배출이 잘 되도록 돕고, 혈관을 강화하는 효과가 있어서 디톡스 요법할 때도 자주 사용됩니다. 셀룰라이트를 제거하는 마사지할 때도 사용되는데, 광독성의 위험이 있으므로 피부 적용 후 최소 12시간 동안은 해당부위가 햇빛에 노출되지 않도록 하세요. 레몬 오일은 피부가 건조하게 유지되도록 도와주는 수렴작용이 있어서 피지가 과잉 생산되는 여드름에 희석해서 바를 수 있지만 가능하면 저농도로 사용하는 것이 안전합니다.

레몬(Lemon) 오일 핵심정리
- 학명 : *Cirtus limon*
- 과명: 운향과
- 노트: 탑
- 주요적응증: 감기, 염증, 살균과 소독, 소화불량, 메스꺼움, 셀룰라이트 제거, 독소 배출

3 풀처럼 생겼는데 레몬향이 나는 레몬그라스 오일

모기퇴치제에 흔히 사용되는 시트로넬라 오일의 원재료와 같은 과에 속하는 레몬그라스는 풀처럼 보이는데 1미터 이상 높이 자랍니다. 잎을 수확한 후 수증기 증류로 얻은 오일에서는 레몬향도 나고 코를 자극하는 강한 풀 향과 살짝 비릿한 향도 납니다. 레몬 오일은 정말 맑고 밝은 탑 향이지만 레몬그라스 오일은 미들 노트에 가까운 무게감 있는 레몬향이라고 말할 수 있습니다. 습하고 더운 열대지방에서 빠르게 성장할 만큼 해충에 강한 원재료처럼 해충을 쫓는 방충제나 냄새나 공기를 정화시키는 방향제로도 사용합니다.

리모넨이 주성분인 레몬 오일과 달리 레몬그라스 오일은 레몬향을 내는 알데하이드 계열의 시트랄이 주성분이고, 세균, 바이러스와 곰팡이까지 억제할 수 있습니다. 관련 논문이 소수이긴 하나, 치주질환을 예방하기 위해 레몬그라스 오일을 사용할 수 있다는 결과도 있습니다. 2015년 인도의 연구자들이 발표한 논문에서 경미하거나 중등도의 치은염을 가진 성인 60명을 세 집단으로 나누어 21일동안 하루에 두번씩 A집단은 0.25% 레몬그라스 오일로 1분동안 가글하고 2분동안 양치질하고, B집단은 소독제인 0.2% 클로르헥시딘액으로 1분동안 가글하고 2분동안 양치질을 했습니다. 대조집단은 21일 동안 하루에 두번씩 2분동안 양치질만 했습니다. 시험 완료시점에서 레몬그라스 오일과 클로르헥시딘액으로 가글한 집단이 대조집단에 비해 치태와 잇몸의 염증 상태가 의미있는 정도로 감소했습니다. 레몬그라스 오일이 입 안에 있는 균도 효과적으로 억제했다고 생각되는 결과입니다.

시트랄은 과민하고 불안한 상황에서 집중력을 올리면서도 진정시키는 작용을 합니다. 여러가지 스트레스로 인해 지쳐있고 불안하지만, 정신을 집중하고 나를 다시 세우려고 할 때 사용하면 좋은 오일입니다. 잠자리에서 일어나기 힘들 때 감귤류 오일도 같이 넣어 발향한다면 침대에서 벌떡 일어나지 않을까요?

레몬그라스 오일은 소화를 돕고 근육통이 있을 때 사용하나 피부에 자극을 줄 수 있기 때문에 가능하면 최소 용량으로 사용하시는 것이 좋습니다. 로버트 티저랜드와 로드니 영은 피부에 최대 0.7% 이상을 사용하지 않도록 권장합니다.

레몬그라스(Lemongrass) 오일 핵심정리
- 학명: *Cymbopogon citratus*
- 과명: 벼과
- 노트: 탑~미들
- 주요적응증: 벌레퇴치, 공기정화, 스트레스, 진정, 소화불량, 근육통증

4 마음의 문을 열어 지친 영혼을 다독이는 로즈 오일

　장미는 세계 어디에서나 볼 수 있고, 중요한 의식이나 기념일에 빠지지 않을 만큼 사랑받는 식물입니다. 장미가 친숙해서 오일도 편하게 느껴지지만, 화학적으로 보면 로즈 오일은 아직까지도 분석하지 못한 미량의 물질을 포함하여 300가지 이상의 성분이 들어있는 매우 복잡한 물질입니다. 로즈 오일은 꽃잎에서만 추출하기 때문에 한 잎씩 사람 손으로 따야 합니다. 시간에 따라 오일 함량도 달라지기 때문에 함량이 제일 높은 새벽부터 따서 가능한 빨리 추출해야 최고의 품질을 얻을 수 있습니다. 로즈 오일이 고가인 이유 중 하나입니다.
　물 증류법으로 얻은 로즈 오또 오일은 주로 로사 다마스센나의 꽃잎에서 추출해서 '다마스크 오일'이라고도 합니다. 증류과정을 거치게 되면 자연에서는 발견되지 않는 성분이 만들어지기 때문에, 용매추출법을 통해 얻는 로즈 앱솔루트가 로즈 오또보다 우수하다고 보는 견해도 있습니다. 로즈 앱솔루트 오일은 우리가 아는 장미향과 유사하며 부드러우면서도 깊이 각인되는 베이스 노트의 향으로 살짝 노랗고 붉은 주황색을 띠는 반면, 로즈 오또 오일은 약간 매운향도 나고 달콤하며 부드럽고 풍부한 꽃 향으로 거의 무색입니다. 물론 생산지와 추출 방법에 따라 같은 종이라도 오일의 색과 향이 서로 다를 수 있습니다.

로즈 오또와 로즈 앱솔루트 오일에는 시트로네롤, 제라니올, 네롤이 포함된 모노테르펜 알코올 계열이 있는데 로즈 오또에 훨씬 더 많이 들어있고 로즈 앱솔루트에는 소량 있습니다. 반면 로즈 앱솔루트에는 페닐에틸 알코올이 60%에서 70% 이상 포함되어 있고 이 성분때문에 장미꽃과 같은 향이 납니다. 최근에는 페닐에틸 알코올이 치매 발생과 관련된 물질을 억제하는 것으로 확인되어 향기성분이 치매 치료에 긍정적인 영향을 줄 수 있다는 기대감이 높아지고 있습니다.

구성 성분과 함량이 다르지만 두 오일 모두 마음 상태에 영향을 주는 오일입니다. 달콤하며 부드러운 깊은 꽃 향이 빗장 닫힌 마음의 문을 열고 다가와서 사랑스럽지만 지치고 상처받은 영혼을 다독여줄 수 있습니다. 로즈 오일은 부드럽지만 굉장히 강하게 작용하므로 아로마테라피에서는 슬픔이 존재하는 모든 곳에 사용할 수 있는 강력한 항우울제로 생각하는데, 연구자들은 뇌의 흑질에서 도파민 분비를 증가시키기 때문이라고 설명합니다. 도파민은 신경전달물질로서 동기를 부여하고, 행복, 인지, 운동성 조절과 관련된 메시지를 전달합니다.

로즈 오일을 흡입만해도 통증 조절에 도움이 된다는 연구도 있습니다. 이는 강력하게 통증을 억제하는 모르핀처럼 작용하는 엔도르핀을 분비하도록 돕기 때문이라고 합니다. 2021년에 대체의학회지에 실린 연구에서 성인의 급성 통증을 조절하는 다마스크 로즈 오일의 효과를 측정한 총 열여섯개의 논문을 분석한 결과 흡입법과 마사지법 모두 통증을 의미있는 수준으로 낮추었다고 보고했습니다. 응용하자면, 생리통, 월경전증후군, 변비, 두통 그리고 통증과 기분변화가 있는 갱년기 증상에 사용할 수 있습니다.

로즈 오일은 화장품이나 향수에도 많이 사용되고, 염증에 민감한 피부나 노화를 억제하기 위한 스킨 케어에 사용됩니다. 단, 로즈 오일은 항상 1% 미만으로 사용해야 하고, 얼굴에는 로즈 오또 오일을 사용하도록 추천합니다.

로즈(Rose) 오일 핵심정리
- 학명: *Rosa damascena*
   Rosa centifolia
- 과명: 장미과
- 노트: 로즈 오또는 미들~베이스, 로즈 앱솔루트는 베이스
- 주요적응증: 우울증, 통증, 월경전증후군, 갱년기증후군, 민감성피부, 노화피부

5 두피의 혈액 순환을 돕는 로즈마리 오일

로즈마리는 우리에게 친근한 허브입니다. 집에서 키우거나, 고기 요리할 때 시즈닝으로 쓰고 차로 마시기도 합니다. 로즈마리 오일은 잎과 가지뿐 아니라 꽃까지 증류하여 얻지만 우리가 생각하는 꽃 향을 느끼긴 어렵고, 오히려 신선하고 상쾌한 허브향이 느껴집니다. 세가지 케모타입이 있는데 버베논은 프랑스, 1,8-시네올은 튀니지, 캠퍼는 스페인에서 생산합니다. 동일한 식물이지만 토양에 따라 주요 성분의 비율이 변하고 그에 따라 활용분야도 달라진다는 점이 매우 흥미롭고 아로마테라피의 매력이 됩니다.

버베논 타입은 피부 대사를 정상화시키는 항산화 효과로 여드름, 튼살과 피부 노화를 억제하고, 두피에서 혈액이 원활히 순환되도록 작용해서 비듬이나 탈모 치료에 사용됩니다. 1,8-시네올의 대표주자인 유칼립투스 오일보다는 그 향의 강도가 약하지만 1,8-시네올 타입은 코나 목에 생긴 호흡기관련 증상을 감소시키고, 집중력을 높이고, 기억력을 회복시킬 목적으로 사용합니다. 로즈마리 오일은 고농도 사용시 피부를 자극할 수 있으므로 저농도로 사용하는 것이 바람직합니다. 특히 캠퍼 타입은 고혈압이 있거나 뇌전증이 있는 분들에게 강한 자극을 줄 수 있으므로 피하는 것이 바람직합니다. 하지만 캠퍼 타입이 근육과 신경에 대한 이완 효과가 탁월하여 통증 치료에 사용되기도 합니다.

로즈마리에는 수많은 화학성분들이 있는데 그 중 '로즈마리산'이 주목을 받고 있습니다. 로즈마리산은 우리 몸을 공격하는 물질에 대해 강력히 방어하는 항산화 작용을 나타내며 염증과 암을 억제하는 효과도 있습니다. 지방세포가 분화하거나 축적되는 것을 억제하기 때문에 비만 개선용 건강기능식품으로도 판매되고 있습니다. 로즈마리산은 로즈마리 외에도 페퍼민트, 바질, 깻잎, 들깨, 레몬밤에 있습니다. 혹시 체지방 감소를 위한 건강기능식품을 드시고 계신다면 성분표에서 깻잎추출물, 레몬밤추출물이란 단어를 찾아보세요. 그 안에 들어있는 로즈마리산이 효과를 나타내는 주성분입니다. 그렇다고 로즈마리 오일을 함부로 드시면 안 됩니다. 건강기능식품과 에센셜오일 안에 있는 로즈마리산의 함량도 다르고, 로즈마리 오일에는 다양한 다른 성분도 있기 때문입니다.

가브리엘 모제이에 의하면 로즈마리 오일은 에너지와 혈액을 순환시키는 기능이 있어 피부와 근육에 영양을 공급하고, 뇌까지 혈액이 충분히 도달하게 만들어서 정신을 집중시킨다고 합니다. 혹시, 지금 왠지 지치고 힘드신가요? 너무 생각이 많아지고 집중이 안되시나요? 그 때 로즈마리 오일이 훌륭한 답이 될 수 있습니다.

로즈마리(Rosemary) 오일 핵심정리

● 학명:

Rosmarinus officinalis ct verbenon (버베논 타입)

Rosmarinus officinalis ct cineole (시네올 타입)

Rosmarinus officinalis ct camphor (캠퍼 타입)

● 과명: 꿀풀과

● 노트: 미들

● 주요적응증: 여드름, 튼살, 근육통, 비듬, 탈모, 호흡기 강화, 집중력과 기억력 회복

6 잠 못 드는 밤 별헤는 이를 위로하는 마조람 오일

요즈음을 살아내고 있는 우리는 항상 스트레스 환경에 둘러싸여 있어 정작 본인은 스트레스를 받고 있다는 사실을 인지하지 못하는 경우가 많습니다. 자신은 모르고 있지만 항상 긴장하고 깨어 있게 만드는 자율신경이 과도하게 흥분된 상태가 지속된다면 소화도 되지 않고 불안감을 느끼고 쉽게 잠이 들기 어렵습니다. 밤새 뒤척이다 일어나서 거울을 보게 되면 눈밑으로 깊게 내려온 다크 서클에 당황하게 됩니다. 여성들은 이런 상태가 지속되면 생리불순이나 생리통과 같은 증상이 생기기도 합니다. 이 경우 추천할 수 있는 오일이 마조람입니다. 로버트 티저랜드에 의하면 마조람 오일은 마음을 안정시키고 완화시키는 신경이 강화되도록 돕는다고 합니다. 그래서 깊은 밤 잠 못 자고 별을 헤이게 될 때 마조람 오일 한 두방울이 위로가 됩니다.

옛날 서양에서는 마조람이 성욕을 감소시기고 둔화시키는 기능이 있다고 여겨 수도원에서 많이 재배했다고 알려져 있습니다. 이러한 마조람의 효능에 대해 명확한 임상 자료는 찾기 힘들지만 아로마테라피에서는 장기간동안 지나친 마조람 오일의 사용은 정상적인 성반응에 대해 영향을 줄 수 있다고 보는 견해도 있습니다. 이는 마조람 오일이 신경계가 긴장되지 않도록 하는 효과와 관계가 있을 것 같습니다. 혹시 모르니 운전을 할 때는 마조람 오일을 발향하지 마세요.

마조람 잎은 로즈마리, 페퍼민트와 같이 요리용 허브로 쓰이지만, 마조람 오일은 꽃에서 추출하고, 신선하고 살짝 매운 향이 느껴지면서 따뜻하고 약한 나무 향도 납니다. 티트리 오일과 비슷한 성분이 많아서인지 스치듯 티트리 오일을 느낄 수 있으며 항염, 항균, 항바이러스 작용이 있습니다.

마조람 오일이 따뜻한 성질을 가지고 있어서 근육이 뭉치거나 생리통이 있을 때 마사지하면 근육의 긴장이 완화되고 편안함과 따뜻함을 느낄 수 있습니다. 살바토레 바탈리아는 마조람을 균형의 오일이라고도 했습니다. 잘 사용하시면 몸의 이완, 신경의 이완, 마음의 이완까지 이어져서 아로마테라피에서 지향하는 전인적인 치료 효과를 느낄 수 있습니다.

마조람(Marjoram) 오일 핵심정리
● 학명: *Origanum majorana*
● 과명: 꿀풀과
● 노트: 미들
● 주요적응증: 스트레스, 긴장, 흥분, 균에 의한 염증, 근육통, 생리통

7 식물의 최전선 보호막에서 얻은 미르 오일

식물은 외부 환경이나 적으로부터 자신을 보호하기 위해서 껍질이라는 단단한 갑옷을 입고 있습니다. 꽃이나 열매에 비하면 하찮게 보이지만 실상은 묵묵히 최전선 보호막 역할을 수행하고 있습니다. 그러니 식물이 잘 자라도록 도움을 주는 나무껍질에 상처를 내서 모아진 수액이 균에 대한 저항성이 강하고, 염증을 억제하고, 상처를 치유하는 효과가 있다는 생각은 단순한 추측은 아니겠지요.

감람나무과에 속하는 미르 나무에서 얻은 수액이 딱딱해진 상태인 수지는 '미르' 혹은 '몰약'이라고 합니다. 몰약은 유향과 함께 동방박사가 아기 예수 탄생을 축하하기 위해 드린 선물이었고, 미라를 만들 때 부패를 막기위해 사용했습니다. 몰약을 수증기 증류하여 얻은 미르 오일은 코를 살짝 자극하지만 부드러운 소독약 비슷한 쌉쌀함이 있고 아주 약하게 매운 향이 납니다. 강한 항균, 항염 작용이 있고 상처를 치유하는 효과가 있어 피부 질환에 사용하거나 구강 질환이 있을 때 양치액으로 만들어 사용하기도 합니다. 2017년 발표된 연구에서는 여러 장기에서 염증성 증상이 생기는 베체트병 환자의 구강 궤양을 치료하기 위해 총 열여섯명의 참여자들이 미르 오일로 만든 구강세정액을 일주일동안 하루 4회 사용한 결과 일부는 통증이 완화되었고 소수에서는 궤양이 치료되는 고무적인 결과를 보고한 사례도 있었습니다.

미르는 고대 이집트에서 종교 의식 때 피우는 향의 재료로도 쓰였는데 공기를 정화하는 목적도 있었다고 합니다. 미르 오일은 감기, 기침이나 기관지염 등 호흡기 질환에 사용하는데, 베이스 노트라 향이 강해서 소량 사용하는 것이 좋습니다. 주성분은 세스퀴테르펜 탄화수소이나 프랑켄센스 오일과는 구성 성분이 차이가 있고 서로의 부족한 부분을 보강시킬 수 있어서 두가지 오일을 같이 사용하는 경우도 많습니다. 고대 이집트에서 사용한 키피라는 향수에도 두가지 오일이 모두 들어있습니다.

미르 오일은 월경전증후군이 있을 때 통증을 감소시키기 위해 사용하지만, 자궁을 자극할 수 있기 때문에 임신중에는 사용하면 안 됩니다. 전반적으로 안전한 오일로 등재되어 있습니다.

미르(Myrrh) 오일 핵심정리
● 학명: *Commiphora myrrha*
● 과명: 감람나무과
● 노트: 베이스
● 주요적응증: 항균, 항염, 상처치유, 공기정화, 기침, 기관지염, 생리통

8 신선한 향이면서 편안함을 주는 버가못 오일

오렌지처럼 달콤하고 신선한 과일향도 나고 부드러운 꽃 향도 나고 살짝 기름진 허브향도 있고 레몬과 같은 산미도 있는 버가못 오일은 상당히 매력적이고, 쓰임새도 다양합니다. 원재료인 덜 익은 버가못 열매의 껍질에는 빛에 예민하게 반응하는 버갑텐이란 성분이 있어 피부에 바른 후 최소 12시간 동안은 빛에 노출되지 않도록 보호해야 합니다. 만약 버가못에서 버갑텐을 제거하면 식품의 향미제로도 사용할 수 있는데, 버가못이 들어간 대표 제품이 얼그레이 티입니다. 얼그레이 티백의 포장지를 보면 천연 향료로 버가못 향을 사용했다는 표기가 있습니다.

버가못 오일은 다른 감귤류 오일에 풍부한 모노테르펜 계열의 리모넨의 함량은 다소 낮고, 에스테르 계열의 리나릴 아세테이트와 모노테르펜 알코올 계열의 리나롤 함량이 상대적으로 높습니다. 그래서 산뜻하면서도 진중한 향을 만들 때 사용합니다

곰팡이와 바이러스에 대해서도 효과적인 항균작용을 나타냅니다. 2006년 응용미생물학 저널에 게재된 연구에서 대장균을 포함하여 식품에서 쉽게 병을 일으키는 다섯종류의 식품매개

병원균에 대한 버가못, 레몬, 스윗오렌지 오일과 증기의 항균력을 측정해 보았습니다. 이 중 버가못 오일이 가장 효과적이었으며, 리모넨보다 리나롤의 항균력이 뛰어났다고 보고했습니다. 역사적으로도 버가못 오일은 미생물, 말라리아 그리고 옴에 이르기까지 여러 균 감염증에 사용되어 왔습니다. 바이러스에 의한 포진, 감기로 인해 염증이 생겼을 때, 방광염이나 요로 감염과 같은 감염증에도 사용됩니다.

대부분의 감귤류 오일이 탑노트인 반면 때로는 미들 노트로도 분류되고, 마음을 안정시키는 효과도 있습니다. 스트레스 상태에서 불안감을 감소시키고 조절되지 않는 감정이 편안히 정리되도록 도와주기 때문에 기분이 좋아지면서도 지나치게 흥분하지 않는 균형상태로 이행하게 도와줍니다. 또한 피로하고 의욕이 없을 때, 우울감이 있거나 지나치게 슬픈 감정이 생길 때 사용합니다. 이러한 경우 라벤더 오일과 같이 블렌딩해도 좋습니다.

대부분의 감귤류 오일이 소화기계에 긍정적인 효과를 나타내듯이 버가못 오일도 소화기 증상에 사용하며, 특히 스트레스와 관련된 소화불량과 식욕부진에 사용합니다. 소화기에 사용할 때는 주로 복부마사지를 하지만 상황이 여의치 않다면 향을 맡는 것만으로도 기분이 전환됩니다.

피부에 사용할 때는 여드름이나 뾰루지가 생기는 지성 피부와 기름기가 많은 두피에도 사용하는데 저농도로 사용하고 광과민성이 있기 때문에 증상이 있는 부위에만 저녁에 바르는 것이 바람직합니다.

버가못(Bergamot) 오일 핵심정리
- 학명: *Citrus bergamia*
- 과명: 운향과
- 노트: 탑~미들
- 주요적응증: 바이러스포진, 방광염, 스트레스, 불안감, 우울감, 소화불량, 식욕부진, 지성 피부와 두피

9 후추처럼 자극적이고 고추처럼 뜨거운 블랙페퍼 오일

인도가 원산지인 흑후추는 오래된 향신료이자 식품보존제입니다. 흑후추가 내뿜는 강한 향미만큼 미생물의 성장을 강력하게 억제합니다. 자극적이면서 얼얼한 매운 맛은 흑후추에 들어있는 '피페린' 때문인데, 피페린은 블랙페퍼 오일과 동일한 항균 작용을 갖습니다. 간혹 피페린의 효과를 블랙페퍼 오일의 효과처럼 설명한 경우도 있으니 구별해서 사용해야 합니다.

블랙페퍼 오일은 자극적인 매운 향이 나며 고추처럼 뜨거운 성질도 있고, 신선한 나무향도 납니다. 모노테르펜 탄화수소가 갖는 방부효과와 진통효과가 있으며, 세스퀴테르펜 탄화수소의 염증과 바이러스 억제 효과도 있습니다. 소화불량, 변비와 같은 증상이 있거나 근육에 염증이나 통증이 있을 때 사용합니다.

음식을 먹을 때 후추를 뿌리면 음식 맛이 좋아지면서 식욕이 자극되는 것처럼 블랙페퍼 오일도 식욕을 증진시키는 효과가 있습니다. 뜨거운 성질도 있어서 순환을 돕는 장점이 있어 예전에는 동상에 걸렸을 때 사용했고, 최근에는 다이어트 레시피에 포함됩니다. 다이어트를 하려면 식욕이 감소해야 되는데 어찌 보면 상반된 작용을 가지고 있다는 사실이 재미있기도 합니다. 제 생각에는 식욕자극 정도를 시험하는 연구에서 주로 식전에 향기를 맡는 방법을 택한 것으로 보아 식사전에만 사용하지 않으면 괜찮을 것 같습니다.

테르펜계 화합물이 많아서 빠르게 산패될 수 있고, 피부에 사용할 때는 자극을 줄 수 있으니 소량씩 단기간 사용합니다. 로버트 티저랜드와 로드니 영은 블랙페퍼 오일의 산패를 막기 위해 어두운 밀폐용기에 넣어 냉장고에 보관하도록 권합니다.

고농도에서 신장에 영향을 줄 수 있다고 하는데, 실제로 얼마나 영향을 주는지에 대한 자료는 부족합니다. 흑후추와 관련된 소수의 정보들이 있지만, 블랙페퍼 오일을 바르거나 흡입하는 것과 관련된 자료는 거의 없는 것 같습니다. 향에 대한 호불호가 있기도 하고, 음식을 만들 때 후추가 주재료가 아니듯이 아로마테라피에서도 주오일을 보조하는 정도로 사용하세요. 임산부와 신장질환이 있으신 분은 피하시는 것이 좋습니다.

블랙페퍼(Blackpepper) 오일 핵심정리
- 학명: *Piper nigrum*
- 과명: 후추과
- 노트: 탑~미들
- 주요적응증: 소화불량, 변비, 근육통, 식욕부진, 동상, 다이어트

10 거침없이 하늘 향해 곧게 자라는 사이프러스 오일

빈센트 반 고흐가 생 레미에 있는 병원에 있을 당시 그렸던 그림들의 주된 모티브인 사이프러스 나무는 최대 45미터까지 자라는 항상 푸른 상록수입니다. 아마도 그 당시 정신적으로 힘들었던 고흐는 끝없이 하늘을 향해 거침없이 나아가는 사이프러스의 강함과 담대함에 끌리지 않았나 하는 생각이 듭니다. 사이프러스가 속하는 측백나무과에는 측백나무, 편백나무, 노간주나무가 속하고, 공기를 정화시키는 효과가 탁월하다고 알려져 있습니다. 사이프러스 오일은 잎과 잔가지에서 추출하고 살짝 시큼하지만 부드럽고 상쾌한 소나무와 유사한 향이 납니다. 숲속에서 품어져 나오는 피톤치트처럼 머리가 복잡하고 감정이 정리되지 않을 때 차분하고 안정된 상태로 이끌어줍니다.

사이프러스 오일은 하지 정맥류를 개선시키기 위한 레시피에 포함되는 오일이고, 정맥에서 혈류를 개선하고 과도하게 이완되어 있는 혈관을 수축시킵니다. 상당 부분의 잎 오일들이 순환을 시키면서 정맥을 수축하는 기능이 있어 고대로부터 사용했다는 기록이 있습니다. 해외에서 판매되고 있는 오일 중 하지정맥 혹은 다리정맥이란 단어가 포함된 제품에는 사이프러스 오일이 포함되어 있으니 확인해보세요. 하지만 아쉽게 도 임상 시험을 통해 이러한 효과가 증명된 예는 많지 않습 니다.

사이프러스 오일에 있는 카렌이란 성분은 점액이 쉽게 배출 되도록 도움을 주기 때문에 가벼운 감기에 걸려서 가래때문에 기침이 날 때 발향하면 좋습니다. 편백나무나 향나무 숲에 가 면 편하게 느끼는 이유가 호흡기가 과도하게 건조해지지 않도 록 만드는 이런 성분들이 있기 때문입니다.

사이프러스 오일은 임산부 사용은 제한하지만 갱년기 여성 에게는 추천합니다. 2007년 대한간호학회지에 발표된 연구에 서 폐경 후 복부비만이 있는 여성들에게 6주동안 일주일에 한번은 그레이프프룻, 스윗오렌지, 로즈 오일을 3%로 희석하 여 총 6회의 전신마사지를 제공하고, 하루 2번 주 5일은 사 이프러스, 주니퍼, 일랑일랑, 자스민 오일을 3%로 희석하여 스스로 복부 마사지를 한 결과 내장지방량은 변화가 없었지만 복부피하지방량과 허리둘레가 의미있게 감소하였다는 결과가 있었습니다.

사이프러스(Cypress) 오일 핵심정리
● 학명: *Cupressus sempervirens*
● 과명: 측백나무과
● 노트: 미들
● 주요적응증: 공기정화, 과민, 불안, 하지정맥류, 기침, 기관지염, 감기

11 해낼 수 있는 힘을 주는 아틀라스 시더우드 오일

아틀라스 시더우드는 50미터까지 자라는 소나무과의 상록수이며, 알제리와 모로코에 걸쳐 있는 '아틀라스산'이 원산지입니다. 삼나무 혹은 백향목이라고 불리는 레바논 시더우드에서 유래된 것으로 생각되는데, 백향목은 성경에서는 솔로몬이 성전을 짓기 위해 사용할 만큼 부패에 강하며 성스러운 나무였으며, 심지어 레바논 국기 가운데에 위치할 만큼 중동지역에서는 중요한 자원이었습니다. 그러나 안타깝게도 현재는 멸종위기종으로 지정되어 벌목이 제한되고 있습니다. 시더우드 오일을 추출하는 다른 재료에는 사이프러스가 속하는 측백나무과의 버지니아 시더우드, 텍사스 시더우드, 중국 시더우드처럼 그 종류가 다양하므로, 구입 시 학명과 원산지를 확인해야 합니다. 원재료에 따라 향이나 구성성분이 달라질 수 있으며, 아틀라스 시더우드도 나무의 나이에 따라 성분 함량이 달라집니다.

오일은 시더우드의 목재나 톱밥을 수증기 증류하여 얻는데 베타 히마카렌이 다량 포함된 세스퀴테르펜 탄화수소 계열이 주성분이며, 부드러운 나무향과 달콤하면서 순한 꽃 향이 나고 스치듯 솔 향이 납니다. 향이 강하지 않으나 가브리엘 모제이가 말했듯이 위기의 순간에도 냉정함을 유지하고 자신을 믿고 해낼 수 있는 힘을 주기 때문에 스트레스가 크고 긴장된 상황이나 명상을 할 때 발향해도 좋습니다. 염증을 억제하고 점액을 용해하는 효과가 있어서 기침이나 만성 기관지염과 같은 호흡기계에 사용되어 왔습니다. 편안하게 숨쉬는 것이 긴장 상황에서 몸이 이완할 수 있는 좋은 방법입니다.

아틀라스 시더우드 오일은 비듬, 지루성 두피가 있는 모발 관리나 여드름과 같은 지성 피부를 관리할 때 사용됩니다. 하지만 자극을 줄 수 있어 얼굴 전체에 사용하기에는 적합하지 않고, 캐리어오일에 소량 희석하여 해당 부분에만 사용합니다. 두피에 대한 사례로 1998년 해외의 피부과학지에 발표된 논문에서 원형탈모증이 있는 84명을 두 집단으로 나누고 캐리어오일에 타임, 로즈마리, 라벤더와 시더우드 오일을 블렌딩하여 7개월동안 매일 저녁에 두피 마사지를 한 시험군과 캐리어오일로만 마사지 한 대조군을 비교한 결과 에센셜오일로 마사지를 한 시험군이 의미있는 정도로 호전되었습니다. 원형탈모증은 발생되는 부위와 범위도 다양하고, 아직까지 정확한 원인이 밝혀지지 않은 자가면역질환입니다. 면역세포가 머리털을 만드는 모낭을 공격해서 염증을 일으키는 것으로 알려져 있고, 어떤 분들은 특별한 치료없이 회복되기도 합니다. 에센셜오일이 염증을 억제하고 두피의 순환을 촉진시키는 효과가 있을 것으로 생각되며, 시중에 판매되는 두피 관리용 아로마 제품에는 시더우드 오일이 흔히 포함되어 있습니다.

아틀라스 시더우드 오일은 림프계의 순환을 돕고 축적된 지방이 분해되도록 자극하는 것으로 알려져 있습니다. 림프계에는 림프절과 림프관이 속하며, 우리 몸의 면역을 유지해주는 공장과 같은 역할을 합니다. 림프관 안에는 림프액이 흐르고 있는데 소화관을 통해 흡수한 영양분을 공급하고, 중간에 위치한 림프절에서는 백혈구의 일종인 림프구를 만들어서 면역을 조절하고, 병원균이나 불필요한 물질을 제거합니다. 따라서 림프계가 제대로 작동된다면 염증이 조절되고 순환이 불량해서 발생한 부종도 개선됩니다. 또한 지방에 노폐물과 체액이 결합되어 울퉁불퉁하게 변한 셀룰라이트도 제거합니다.

임신 중에 아틀라스 시더우드 오일을 사용할 수 있는가에 대해서는 연구자마다 의견이 조금씩 다릅니다. 저희는 안전한 것을 선호하는 경향이 있어서 임산부나 수유부, 뇌전증이 있거나 유아에게는 사용하지 않는 것이 좋다고 생각합니다.

아틀라스 시더우드(Cedarwood Atlas) 오일 핵심정리
- 학명: *Cederus atlantica*
- 과명: 소나무과
- 노트: 미들~베이스
- 주요적응증: 스트레스, 불안, 긴장, 비듬, 지루성 두피, 여드름, 지성피부, 부종, 셀룰라이트

12 아이부터 어른까지 좋아하는 오렌지 오일

산미가 강해 호불호가 명확하게 분리되는 레몬과 달리 오렌지는 전 연령대에서 좋아하는 과일입니다. 그래서일까요? 오렌지 오일도 아이들부터 어른들까지 좋아하는 경향이 있습니다. 오일의 원료는 달콤하며 과일향이 강한 스윗오렌지이고, 산미가 강하고 약간 쓴 향을 내는 비터오렌지보다 광독성이 약합니다. 그러나 고농도 사용은 피하고, 피부에 바른 후에는 최소 12시간정도 햇빛을 차단하는 것을 권장합니다.

오렌지 오일은 아이들이 쓸 수 있을 정도로 안전하다고 보고되어 있습니다. 2013년 최신 생체의학연구지에 발표된 자료에 따르면 6세에서 9세까지의 아동들이 치과 진료를 받는 동안 오렌지 오일을 발향한 결과, 향을 맡은 집단이 향을 맡지 못한 집단보다 스트레스 정도를 나타내는 코티솔 농도와 맥박이 통계적으로 유의하게 안정되었습니다. 치과 전체에 발향할 수 없다면 옷깃에 한 방울 떨어뜨려 주는 간단한 방법도 있으니 몸 상태가 좋을 때 먼저 사용해 보시고 이후 힘들어하거나 불안해할 때 사용해보세요. 대부분의 감귤류처럼 오렌지 오일도 탑노트라서 기분을 마냥 좋게만 만들어 줄 것 같지만, 마음을 진정시키고 안정감을 주는 효과가 있어서 불면증에 사용합니다.

리모넨이 90% 이상 들어있으며, 식욕부진, 변비와 같은 소화기의 불편함을 낮추기 때문에 어떤 분들은 이 향으로 인해 기분이 좋아지고 입맛도 증가합니다. 그런데 입맛이 없어 식사를 잘 못하시는 분들이 오렌지 오일을 사용하고 식사를 잘 했다는 결과는 찾을 수는 없었습니다. 너무 개인적인 취향이 적용되는 부분이라서 정확히 확인하기 어려울 것이라고 생각됩니다.

오렌지 오일을 이용한 아로마테라피에서 관심을 끄는 부분은 우울한 기분을 완화시키는 효과입니다. 대부분의 감귤류가 우울감을 완화시키지만, 오렌지 오일은 향에 대한 거부감이 낮기 때문에 훨씬 다양한 연령대에 사용할 수 있다는 장점이 있습니다. 피부 타입에 상관없이 쓸 수 있어서, 지성이나 건성, 노화 피부까지도 적용할 수 있습니다.

오렌지(Orange) 오일 핵심정리
● 학명: *Citrus sinensis*
● 과명: 감귤류
● 노트: 탑
● 주요적응증: 소화불량, 식욕부진, 변비, 피로감, 우울감, 건성과 지성피부, 노화피부

13 목을 시원하게 코는 편안하게 유칼립투스 오일

유칼립투스 잎을 먹고 있는 귀여운 코알라 사진이나 영상을 본적이 있으시죠. 코알라가 사는 호주에 가장 많은 종류의 유칼립투스가 있고, 전세계적으로는 600종 이상이 있습니다. 호주 아보리진 원주민들도 오래전부터 유칼립투스로 질병을 치료해왔고, 현재는 중국이 가장 큰 유칼립투스 오일 생산국입니다.

주성분은 옥사이드 계열의 1,8-시네올이고, 유칼립톨이라고 합니다. 1,8-시네올은 티트리, 로즈마리나 페퍼민트 오일에도 있지만, 유칼립톨이라고 말할 정도로 유칼립투스 오일에 많습니다. 이 성분은 호흡기에서 가래나 염증이 생기는 것을 억제하여 편안하게 숨쉬도록 도와줍니다. 감기, 비염, 기관지염과 같이 호흡을 하는 통로가 불편할 때 사용합니다.

유칼립투스 오일은 케모타입이 다양하기 때문에 처음 사용할 때는 어떤 기준으로 선택해야 할지 망설여집니다. 가장 많이 사용되는 세가지 케모타입 중에서 유칼립투스 폴리브라티아와 유칼립투스 글로불러스의 1,8-시네올 함량이 높아서 호흡기관련 증상에 사용하면 염증을 개선하고 편하게 숨쉬도록 도와줍니다. 유칼립투스 오일이 탑 노트이기도 하지만 병을 열자마자 찌르듯이 코를 자극하는 향은 단연 최고이며, 개인적으로는 유칼립투스 글로불러스가 유칼립투스 폴리브라티아보다 코를 자극하는 정도가 더 강하게 느껴집니다. 코가 많이 막혔을 때 냄새를 맡으면 정말 확 뚫릴 것 같은 향입니다. 앞의 두 케모타입 향을 맡고나서 유칼립투스 라디아타 오일 향을 맡으면 상당히 순하게 느껴지고, 이 오일은 어린이에게도 사용 가능합니다. 하지만 원액 병을 바로 어린이의 코에 대면 안 됩니다.

유칼립투스 오일은 곰팡이, 바이러스와 진드기 억제작용이 있어서 방충제 만들 때 사용하고, 진통작용이 있어서 벌레에 물렸거나 근육에 통증이 생겼을 때 사용합니다. 피부에 바르면 자극적일 수 있기 때문에 저농도 사용을 권하고 얼굴에는 사용해서는 안 됩니다. 뇌전증이 있거나 발작 증세가 있으면 피하는 것이 좋습니다.

유칼립투스(Eucalyptus) 오일 핵심정리
- 학명: *Eucalyptus polybractea*
      Eucalyptus globulus
      Eucalyptus radiata
- 과명: 도금양과
- 노트: 탑
- 주요적응증: 감기, 비염, 기관지염, 벌레퇴치, 벌레 물렸을 때, 근육통

14 달콤하면서 부드러운 꽃 향을 가진 일랑일랑 오일

필리핀, 말레이시아, 인도네시아 같은 동남아지역에 여행을 가면 달콤하면서 부드럽고 세련된 일랑일랑 꽃 향을 맡을 수 있습니다. 열대 지역에서 자생하는 카난가 나무가 노란색 일랑일랑 꽃을 일년내내 피우기 때문입니다. 모두가 잠든 밤에 그 어떤 꽃보다도 화려하게 피어나는 일랑일랑 꽃에서 얻는 오일은 올리브 오일처럼 여러 등급으로 나뉩니다. 보통 증류 시간과 비중에 따라 네 등급으로 분류하는데 그 기준은 생산 자마다 약간씩 다르다고 합니다. 증류 시작 후 30분 이내에 엑스트라 등급을 추출한 후, 시간에 따라 1등급부터 3등급까지 지속적으로 추출합니다. 아로마테라피에서 사용되는 일랑일랑 컴플리트 오일은 중간에 중단하지 않고 일정시간동안 계속 추출하거나, 엑스트라 등급에 1등급이나 2등급까지 혼합해서 만듭니다.

오일의 성분과 향은 등급에 따라 달라지는데, 높은 등급일수록 에스테르 계열의 벤질 아세테이트의 함량이 높아지고, 꽃 향이 더 진하게 납니다. 일랑일랑 오일과 자스민 오일의 벤질 아세테이트 함유량이 유사해서인지 향도 일부 비슷한 경향이 있습니다. 하지만 향의 강도는 자스민 오일보다 낮아서 훨씬 편하게 느껴집니다. 에스테르 계열의 함량이 높으면 진정시키면서도 우울감을 극복하도록 도움을 주어 정신적인 균형을 유지하는 효과가 있는데 일랑일랑 오일도 동일합니다. 2013년 건강한 남성을 대상으로 한 한국운동재활학회의 논문에서 일랑일랑 오일이 흥분이나 긴장을 유도하고, 근육을 수축시키는 교감신경계를 억제하고, 심장 박동을 느리게 만들고 이완시키는 부교감신경계를 활성화시켜서 혈압과 맥박이 감소되었다고 보고했습니다. 이런 과정을 거쳐 전반적인 균형을 유지하도록 돕는 것 같습니다.

아로마테라피에서 일랑일랑 오일은 천연의 항우울제이자 진정제로 생각합니다. 따라서 기분변화가 심한 생리전 증후군으로 고생하는 여성들에게 권하는 오일이고, 갱년기 증후군으로 고생하는 여성들도 사용 가능합니다. 하지만 고혈압 환자는 진정효과로 인한 저혈압이 발생할 수 있어서 피하는 것이 좋습니다.

일랑일랑 오일은 다양한 피부타입에 사용합니다. 피지 분비를 적절히 조절하도록 돕기 때문에 건성과 지성 피부에 사용하고, 항산화성분이 많고 세포 재생을 촉진해서 노화피부에도 사용합니다. 빅토리아 시대엔 코코넛 오일과 섞어서 모발에 광택을 내고 성장시킬 목적으로 사용했습니다. 요즘도 건조한 모발에 사용하고 모발을 풍성하게 만드는 테라피에 사용합니다.

일랑일랑 오일을 과량 사용하면 구토감이나 두통을 느낄 수 있습니다. 소량을 사용해도 충분히 그 향을 느낄 수 있고, 블렌딩해 보면 자신을 드러내면서도 다른 오일의 강한 부분과 부족한 부분을 보완해주어 부드러우면서도 고귀한 향을 만드는데 탁월한 역할을 합니다.

로버트 티저랜드와 로드니 영은 일랑일랑 오일을 과민성 피부나 2세 미만의 어린이에게 주의해서 사용하길 권합니다. 명확하지는 않지만 아이소유게놀이란 성분이 피부 과민 반응을 일으킬 수 있다고 합니다. 국제향료협회에서 권하는 일랑일랑 오일의 최대 피부 사용 기준은 0.8%입니다.

일랑일랑(Ylangylang) 오일 핵심정리
- 학명: *Cananga odorata*
- 과명: 포포나무과
- 노트: 미들~베이스
- 주요적응증: 흥분, 과민, 우울감, 기분변화를 동반한 생리전증후군과 갱년기증후군, 지성피부, 건성피부, 노화피부

15 마음속으로 깊게 스며드는 자스민 오일

  대부분의 에센셜오일은 수증기 증류법으로 얻지만, 자스민 오일은 용매로만 추출가능하기 때문에 앱솔루트 오일이 판매되고 있습니다. 붉은빛이 도는 갈색으로 점성이 있어서 오일 병에서 금방 떨어지지 않고 느리게 떨어지는 오일입니다. 오일 병을 열면 강하고 풍부하며 때로는 매혹적인 꽃 향이 다발로 퍼지고, 더불어 달콤하고 따뜻하고 살짝 기름지고 코를 자극하는 과일 향도 느껴집니다. 너무 오래 향을 맡으면 향에 취할 것 같기도 하고, 어질어질하게 느껴지기도 합니다. 자스민은 토양뿐 아니라 꽃을 채취한 후 추출을 시작하는 시간 차이에 의해서도 그 성분함량이 변할 수 있는 민감한 오일이고, 여전히 기계적인 수확방법을 개발하지 못해서 일일이 수작업으로 꽃을 채집하는 어려움이 있습니다. 이런 이유로 생산량도 적고 가격도 고가라 섞음질이 심하기 때문에 구입 시 특별히 주의를 기울여야합니다.
  태국에서 건강한 성인들을 대상으로 자스민 오일 향을 맡은 후 뇌의 변화를 확인해 보니 전두엽에서 베타파가 증가하고, 행복감, 적극성, 활력, 사랑스러움과 같은 긍정적인 감정이 증가하였고, 나른함과 같은 부정적인 감정은 유의하게 감소되었습니다. 이외에도 여러 연구에서 자스민 오일은 우울 상태에 빠져 있을 때 뇌에서 긍정적인 흥분을 유도하여 기분을 향상시키는 역할을 한다고 언급했습니다. 주성분인 벤질 아세테이트는 에스테르 계열의 성분으로 진정시키는 효과도 있어서, 향기가 뇌와 마음 깊숙한 곳까지 스며드는 것 같습니다. 실제로도 좋은 향을 맡으면 행복감을 느낀다는 얘기를 주변에서 많이 들었습니다. 자스민 오일과 로즈 오일을 블렌딩하면 그야말로 꽃 향의 정수가 아닐까 생각될 정도입니다.

오랫동안 생식기와 관련된 증상에 자스민 오일을 적용해 왔고, 월경통이 심한 경우나 출산 초기에 사용하면 통증을 줄이고 수월하게 수축하도록 도와줍니다. 그러나 임신기간 동안은 사용하지 않는 게 좋습니다. 호르몬 불균형으로 인한 우울감을 호소하는 갱년기 여성에게는 추천합니다. 전반적으로 무독성이며 거의 자극이 없지만 향이 강해서 아주 소량 사용해도 됩니다.

자스민 앱솔루트(Jasmine Absolute) 오일 핵심정리
- 학명: *Jasminum officinale*
- 과명: 물푸레나무과
- 노트: 베이스
- 주요적응증: 신경 불안, 초조, 우울, 월경통, 출산 시 통증

16 벌레 퇴치에만 쓰기 아까운 제라늄 오일

폴 세잔의 제라늄과 과일들, 오귀스트 르누아르의 제라늄 꽃과 고양이, 앙리 마티스의 제라늄 꽃병. 이처럼 19세기부터 20세기까지 활동했던 프랑스 유명화가들의 작품에도 등장하는 제라늄 중 일부가 과학적 분류에 따르면 사실은 '펠라고늄'이라는 식물이라고 합니다. 아프리카가 원산지인 펠라고늄은 200종 이상으로 다양하며 17세기 후반에 유럽에 소개되었는데, 기존에 있었던 제라늄과 비슷한 외양으로 인해 초기에 제라늄으로 잘못 명명되어 현재까지도 제라늄으로 불리고 있습니다.

제라늄 오일의 원료도 펠라고늄에 속하는 식물들이며 생산지에 따라 성분과 함량이 달라집니다. 주성분은 모노테르펜 알코올 계열의 시트로네롤, 제라니올과 리나롤이며, 로즈 오일과 공통된 성분도 있고 향도 비슷한 부분이 있어 대체품으로 사용되기도 했습니다. 제라늄 오일은 달콤한 장미향과 상쾌한 민트향이 나고 약간 매콤함도 있는 무거운 향이지만, 로즈 오일만큼 화려하고 강하지는 않습니다.

유럽에서는 지금도 창가에 제라늄 화분을 놓아두는데, 꽃도 오랫동안 피고 벌레도 퇴치할 수 있기 때문이라고 합니다. 우리나라에서는 장미향이 강한 로즈제라늄이 모기를 쫓는다고 해서 구문초(驅蚊草)라고 부릅니다. 제라늄 오일도 살균작용이 강하며, 라벤더와 저먼 캐모마일 오일처럼 염증을 억제하기 위해 사용해 왔습니다. 2020년 식물이라는 해외학술지에 발표된 논문에서 제라늄 오일의 '시트로네롤'이란 성분이 코로나 바이러스가 인간의 세포로 들어갈 때 결합해야 하는 안지오텐신 전환효소2 수용체의 활성을 효과적으로 억제했다고 보고하였습니다. 따라서 코로나 바이러스에 의한 감염율을 낮출 수 있기 때문에 제라늄 오일을 천연의 항바이러스제로 사용할 수 있는 가능성도 제기했습니다. 생활 속에서 제라늄 오일을 사용하는 평범한 일상이 우리 몸의 면역계가 하는 일에 조금이라도 도움이 되길 바랍니다.

이전에 로즈 오일이 강력한 항우울제로 작용할 수 있다고 했는데, 제라늄 오일도 스트레스를 낮추어 정신적인 균형을 유지하고 진정시키는 효과가 있습니다. 임상적으로는 월경전증후군, 갱년기나 폐경기에 생기는 초조, 불안, 우울감과 같은 증상 혹은 스트레스나 과로로 인해 정신적으로 지쳐 있을 때 사용합니다. 시간이 없다면 간단히 향을 맡거나 발향해도 좋지만, 해당 부위나 전신에 마사지하는 방법도 적극 추천합니다.

제라늄 오일은 림프계를 자극하여 정체된 것들을 순환시키고 배출시키는 효과가 있어서, 몸이 자주 붓거나 디톡스할 때 사용합니다. 모든 피부에 사용 가능하기 때문에 사춘기 소녀부터 시작해서 나이가 들수록 활용범위가 더 넓어지는 오일입니다.

임신중에는 사용을 권하지 않으며, 분만 초기에 사용한 사례는 있습니다. 2015년 돌봄과학 학술지에 소개된 연구에서 이전에 출산경험이 없는 임부들을 대상으로 분만통이 시작되는 초기에 제라늄 오일의 향을 맡은 집단이 가짜 오일 향을 맡은 집단보다 불안감이 낮아졌다고 보고했습니다.

전반적으로 안전하게 사용 가능하지만 민감한 피부를 가진 분들에게는 자극감을 줄 수 있으니 소량 사용하세요.

제라늄(Geranium) 오일 핵심정리
● 학명: *Pelagonium graveolens*
● 과명: 쥐손이풀과
● 노트: 미들
● 주요적응증: 벌레 퇴치, 월경전증후군과 갱년기증후군의 감정조절, 스트레스, 과로, 부종, 디톡스

17 열매에서 얻었는데 나무향이 나는 주니퍼베리 오일

주니퍼는 사이프러스, 시더우드와 같은 측백나무과에 속하는 향나무입니다. 우리나라에서는 주니퍼를 노간주나무 혹은 두송이라 부르고 그 열매를 두송자라고 합니다. 두송자 즉, 주니퍼베리는 선사시대의 유적지에서도 흔적을 찾을 수 있을 만큼 아주 옛날부터 약이나 향신료로 사용했습니다. 술로 담그기도 하는데 '진'에서 나는 독특한 향기는 주니퍼베리 때문입니다. 향나무에 속하기 때문일까요? 사이프러스 오일보다는 순한 신선함을 주며 따뜻하고 부드럽고 달콤한 솔잎향이 나고, 열매에서 추출했는데 나무향도 납니다. 이전에는 종교의식이나 명상할 때 또는 균이 퍼지는 것을 방지하기 위해 태우기도 했습니다.

주니퍼베리는 균에 대한 살균작용만이 아니라 강력한 항산화작용도 있는데, 이는 주니퍼베리 오일도 동일합니다. 우리 몸의 세포가 필요한 영양소를 흡수하여 에너지를 만드는 과정에서 어쩔 수 없이 해로운 물질인 '활성산소'가 생겨나는데, 이 활성산소가 반응성이 너무 강해서 주변 세포를 공격해서 만성질환, 노화 그리고 암까지 일으킬 수 있습니다. 이 활성산소를 억제하거나 제거하는 능력을 항산화작용이라고 합니다. 주니퍼베리 오일의 항산화작용은 구성 성분 중 가장 많이 들어있는 알파-피넨보다는 그 외의 다른 성분들에 의해 나타난다고 합니다. 에센셜오일에 대해 처음 공부할 때는 가장 많은 성분에 대해서만 집중하는 경향이 있는데, 우리가 기대하는 효과가 한가지 성분에 의해서만 나타날 수는 없으며 함유량이 적더라도 효과를 나타낼 수 있다는 점이 흥미롭습니다. 주니퍼베리 오일의 항산화작용이 여드름이나 습진과 같은 피부 증상을 개선하거나 건강을 유지할 때 도움이 됩니다. 2017년 발표된 연구에서 주니퍼베리 오일이 사람의 피부에 있는 섬유아세포에 작용해서 항염증 효과를 나타낸다는 사실이 확인되었습니다. 섬유아세포란 피부의 진피 층에 있고 콜라겐을 만들어 손상된 조직도 복구하고, 면역반응을 조절해서 염증도 억제하고 피부를 건강하게 유지시키는 세포입니다.

열매인 주니퍼베리가 신장의 여과율을 증가시켜 이뇨 작용을 나타낸다고 보고 되어있으니 신장질환을 가지고 있는 분들은 피하는 것이 좋습니다. 그러나 주니퍼베리 오일을 바르거나 흡입하는 경우 어느 정도로 영향을 주는지 시험한 결과는 찾기 어려웠습니다. 아로마테라피에서는 주니퍼베리의 이뇨작용에 초점을 두기보다는 원활한 배출을 통한 해독에 주목하는데, 이러한 점이 과학적인 근거로 에센셜오일을 사용할 때 곤란한 부분이 됩니다. 따라서 질병이 있거나 예민한 경우는 전문가와 먼저 상담하는 것이 좋습니다.

주니퍼베리 오일은 진저 오일처럼 따뜻한 오일입니다. 몸이 따뜻해지면 신진대사가 원활해지기 때문에 생리통이 있거나 근육통이 있을 때 사용합니다.

 정신적인 측면에서 보면, 걱정이나 불쾌한 경험에 깊게 빠져서 힘든 경우 생각을 다시 정리하도록 도와주고 자신감을 갖고 나아가도록 도와주는 힘이 있습니다. 블루베리처럼 생겼으나 향나무의 에너지를 가진 특별한 오일입니다.

주니퍼베리(Juniperberry) 오일 핵심정리
- 학명: *Juniperus communis*
- 과명: 측백나무과
- 노트: 미들
- 주요적응증: 여드름, 습진, 노화피부, 생리통, 근육통, 불안, 걱정

18 몸은 따뜻하게 마음은 견고하게 해주는 진저 오일

뿌리에서 추출한 대표적인 오일인 진저의 재료는 생강입니다. 요리할 때 넣고 말려서 차로도 마십니다. 생강은 고대로부터 향신료로 사용해왔고 약용식물로도 사용했습니다. 한방에서는 생강을 말려서 건강이라고 부르고 몸을 따뜻하게 하고 혈액을 원활히 순환시킬 목적으로 사용합니다. 주로 초기 감기에 사용하고 쌍화탕이나 갈근탕에도 들어갑니다. 저는 약간 몸이 춥고 감기가 걸린 것 같을 때 생강차를 마시면 온몸이 따뜻해지고 편해지는 것을 느낍니다. 실제로 상당히 많은 한약 처방에 감초 못지 않게 자주 사용되는 약제가 생강이고, 한의서에서도 생강은 과량 섭취하지 말도록 언급하고 있습니다.

흥미로운 사실은 진저 오일이 생강과 비슷한 효과를 나타낸다는 점입니다. 생강의 주성분은 매운 맛을 내는 진저롤과 조리된 후 단맛을 내는 진저론이지만, 진저 오일의 주성분은 진기베렌을 포함한 세스퀴테르펜 탄화수소 계열의 성분들입니다. 수증기 증류법으로 얻는데, 투명한 느낌의 밝은 황색을 띠며 코를 자극하는 매운맛이 나면서도 부드럽고 달콤함이 느껴지는 향입니다. 따뜻한 성질을 갖고 있어서 혈액 순환을 자극하거나 근육통이 있을 때 사용합니다. 진저 오일도 병원균과 염증을 억제하는 작용이 탁월하기 때문에 감기와 같은 호흡기 증상이 생겼을 때 사용합니다. 초기 감기에 사용하는 것이 효과적입니다.

위액 분비를 촉진하여 소화가 잘 되도록 돕기 때문에 구토나 복통 같은 위장관 증상에도 사용합니다. 2019년 마취회복 간호 저널에 발표된 연구에서 수술 후에 구토억제제의 복용을 줄이기 위해 페퍼민트 오일, 진저 오일 그리고 두가지 오일을 모두 코로 흡입한 총 세 종류의 시험집단과 아무것도 흡입하지 않은 대조집단을 비교해 보았습니다. 그 결과 세 종류의 시험집단 모두에서 대조집단에 비해 구토억제제 복용이 현저히 감소된 것을 확인했습니다. 2016년 보완대체요법 연구지에 발표된 바로는 유방암 치료를 위해 화학요법을 받는 중에 구역질과 구토 증상을 호소하는 환자들에게 음식 섭취량을 늘리기 위해 5일동안 진저 오일과 진저와 향이 유사한 가짜오일을 흡입하게 한 후 두 집단을 비교해 보았더니, 진저 오일을 흡입한 집단에서 에너지 섭취량이 유의하게 높았습니다. 진저 오일로 실시한 임상연구는 주로 수술이나 질병으로 인해 구역질이나 구토 증상이 발생한 경우에 해당 증상을 감소시키기 위한 목적으로 진행되었습니다. 오래전부터 불편한 위장관 증상을 감소시키려고 생강을 끓여 먹은 것처럼 진저 오일의 향을 흡입하거나 복부 마사지를 하는 것도 효과적인 방법입니다.

너무나 지쳐 있고 정신적인 에너지가 고갈되고 있을 때 뿌리가 해당 식물의 중심을 잡아주어 제대로 서 있도록 돕는 것처럼 진저 오일은 다시 마음의 중심을 견고히 잡고 자신에게 집중하여 회복하도록 만드는 에너지를 가졌습니다. 다만 이런 경우라도 단독으로 사용하기 보다 다른 오일과 블렌딩하면 진저 오일 속에 있는 백 가지 이상의 성분들과 상승 작용을 나타낼 수 있습니다.

진저 오일은 향에 대한 호불호가 강한 편이라 너무 많이 넣지 않는 것이 좋으며, 과량 사용하면 피부를 자극할 수 있으니 소량 사용하세요. 피부가 예민하거나 민감하면 주의해야 합니다.

진저(Ginger) 오일 핵심정리
- 학명: *Zingiber officinale*
- 과명: 생강과
- 노트: 탑~미들
- 주요적응증: 항균, 염증억제, 초기 감기, 구역질, 구토, 지쳐 있을 때

19 색으로 확인하는 저먼캐모마일·로먼캐모마일 오일

캐모마일은 고대로부터 사용해왔던 약용식물입니다. 의학의 아버지라고 불리는 히포크라테스도 약초로 사용했고 이집트에선 말라리아 치료제로 사용했다는 기록이 있습니다.

노란색 꽃술 주위로 작은 하얀 꽃잎이 있는 캐모마일은 그 종류가 다양한데, 아로마테라피에서는 그 중 저먼캐모마일과 로먼캐모마일에서 추출한 오일을 사용합니다. 두 식물은 꽃 모양도 비슷하고 효능도 일부 비슷하지만, 전체 식물의 형태와 향기성분은 확연히 다릅니다.

저먼캐모마일은 일년생으로 위로 직립하여 60센티미터까지 자라고 꽃을 말려서 차로 마시면 상긋한 사과향이 납니다. 반면 로먼캐모마일은 다년생이고 땅에 가깝고 낮게 번식합니다. 오일로 만들면 저먼캐모마일은 강하고 스윗하며 시큼한 허브향이 나고, 로먼캐모마일은 가볍고 싱싱한 허브향과 부드러운 과일향이 약하게 납니다.

저먼캐모마일 오일의 향은 다른 향을 다 누를 정도로 강력하기 때문에 블렌딩할 때 아주 소량 넣으시는 것이 좋습니다. 조금만 많이 넣어도 다른 향을 느낄 여유조차 주지 않습니다. 섞음질의 가능성도 높아서 신중히 구입하셔야 합니다.

저먼캐모마일 오일의 주성분은 카마줄렌과 세스퀴테르펜 계열의 비사볼롤입니다. 카마줄렌은 저먼캐모마일에 있는 매트리카린이 수증기 증류과정에서 변환되어 만들어지며, 특이적인 진한 청색을 띠고 강력한 항염증 작용을 나타냅니다. 이 진한 청색 때문에 흰색 옷감에 떨어뜨리면 염색이 되어 잘 지워지지 않으며, '블루캐모마일'이라고도 합니다. 로먼캐모마일 오일은 '안젤릭산'이 주성분으로 비사볼롤과 카마줄렌은 거의 없습니다. 안젤릭산은 에스테르 계열에 속하며 진정시키고 이완시키는 효과가 있습니다. 그럼에도 불구하고 두 오일은 쓰임새가 비슷합니다.

저먼캐모마일 오일은 소화불량과 같은 위장관 불편함을 감소시키고, 아토피 피부염을 포함한 피부와 근골격계에 발생한 염증을 줄이는 효과가 있습니다. 피부연고나 진정 성분의 크림과 같은 외용제를 만들 때 포함되는 오일입니다. 정신적인 면에서는 불안한 마음을 진정시키고 이완시키기도 합니다. 아이들에게도 사용할 수 있을 정도로 순한 오일이며, 어린이를 대상으로 한 연구논문이 있습니다.

저먼이나 로먼캐모마일 오일 모두 염증 억제 효과가 있으며, 갱년기 여성의 생식기 염증이나 생리통에 사용합니다. 로먼캐모마일 오일은 불안한 증세나 스트레스를 감소시키며, 신경을 이완하여 편안하게 잠을 자도록 도와줍니다. 어떻게 작용하는지 그 경로가 확실하게 밝혀지지는 않았지만 아로마테라피에서는 로먼캐모마일 오일을 약하게 작용하는 진정제처럼 사용하기도 합니다.

두 오일 모두 국화과에 속하므로 국화과 식물에 알레르기가 있으신 분들은 주의하세요. 혈압에 영향을 줄 수도 있으니 고혈압 환자는 신중히 사용해야 합니다.

저먼캐모마일(German Chamomile) 오일 핵심정리
- 학명: *Matricaria recutica*
- 과명: 국화과
- 노트: 미들
- 주요적응증: 소화불량, 아토피피부염, 근골격계 염증, 생리통, 갱년기 여성의 생식기 염증

로먼캐모마일(Roman Chamomile) 오일 핵심정리
- 학명: *Chamaemelum nobile*
- 과명: 국화과
- 노트: 미들
- 주요적응증: 염증, 경련 억제, 생리통, 진정, 불면

20 온갖 병균이 겁내는 티트리 오일

 곰팡이는 우리 주위에 항상 존재하고 피부에도 살고 있습니다. 그런데 특정 부위나 전체적인 면역에 문제가 생기면 갑자기 무좀, 어루러기와 질염까지 일으켜서 기회 균주라고 합니다. 이런 곰팡이, 세균과 바이러스에 이르기까지 강한 항균성을 나타내는 오일이 티트리이고, 멜라루카라고도 합니다. 멜라루카 나뭇잎을 손가락으로 몇 번 문지르면 특유의 향이 나는데, 호주 원주민들은 이 잎을 뜨거운 물에 넣거나 손으로 으깨거나 심지어는 그냥 씹어서 감기와 같은 호흡기 질환이나 두통에 사용했습니다.
 티트리 오일은 강력하게 균을 억제하고, 염증 부위에 직접 원액을 사용할 수 있고, 어린이에게도 사용할 만큼 안전성이 높습니다. 하지만 임산부에게는 권하지 않습니다. 민감한 피부를 가진 분들을 희석해서 패치테스트를 한 후 사용하세요. 알레르기가 없어도 고농도로 장기간 사용하면 위험할 수 있기 때문에 원액은 단기간, 해당 부위만, 소량 사용하길 권합니다.
 살바토레 바탈리아는 티트리 오일이 따뜻하고 매우면서 향기롭다고 했지만, 저는 유칼립투스 오일향과 유사한데 좀 더 매워서 코 끝에 먼저 도달하는 탑노트의 향이라고 생각합니다.

블렌딩할 때 소량 넣어야 전체적인 균형이 유지됩니다. 무좀, 헤르페스, 농가진, 여드름, 비듬처럼 주로 피부질환과 관련된 치료 사례들이 알려져서 피부에만 사용할 것 같지만 의외로 다양하게 쓰이고 있습니다. 주성분인 테피넨-4-올이 면역을 강화시키고, 다양한 모노테르펜 성분들이 피로 회복에 도움을 줍니다. 유럽통합의학회지에 2017년 발표된 논문에 의하면 레몬, 유칼립투스, 티트리와 페퍼민트 오일을 흡입한 후에 흡입하지 않은 대조군과 비교해보니 스트레스 지수나 면역상태와 같은 생리적 지표는 변화가 없었지만, 수면의 질이 개선되고, 스트레스와 우울증 증상도 개선되었습니다.

티트리 오일은 화장품, 비누, 탈취제, 공기청정용 제품과 치아관련 용품에도 첨가되고 있습니다. 왠지 기분이 처지고 기운이 없으면서 비염도 있는 경우 흡입하거나 발향해 보세요. 만약 티트리 오일 향을 선호하지 않는다면 버가못이나 로즈마리 또는 페퍼민트와 같이 블렌딩해 보세요.

티트리(Tea tree) 오일 핵심정리
- 학명: *Melaleuca alternifolia*
- 과명: 도금양과
- 노트: 탑
- 주요적응증: 무좀, 헤르페스, 농가진, 여드름, 비듬, 면역강화

21 다른 오일과 조화를 이룰 줄 아는 파출리 오일

파출리를 설명하는 글에는 '동양적인' '오리엔탈'과 같은 단어들이 자주 등장합니다. 도대체 '동양적인 향이 무엇일까?' '오리엔탈 향이 무엇일까?'라는 궁금증이 생긴다면 꼭 한 번 확인해보세요. 하지만 대부분 그다지 친숙하지 않은 향 일거예요. 저는 파출리 오일 향을 맡으면 마치 사방이 축축한 흙 향 가득한 숲속에서 코를 자극하는 매운 향을 내는 약초를 들고 있는 느낌을 받습니다. 풍부하고 달콤한 허브향이 난다고 하시는 분들도 있는데 저는 매운 향이 먼저 느껴지고 달콤한 향은 저 뒤에 조용히 있는 것 같습니다. 달콤한 향이 충분히 난다는 것은 그만큼 좋은 오일라는 증거입니다.

역사적으로 본다면 파출리는 주로 아시아의 열대 지방에서 번식했고, 향수나 방충제로 사용했습니다. 옛날에 서양으로 카펫이나 천으로 된 물품을 수출할 때 해충의 피해를 막기위해 사이사이 파출리를 넣어서 보냈기 때문에 서구인들에게는 질 좋은 동양의 물건에서 나는 향이었을거라고 생각됩니다.

파출리 오일은 호불호가 강하게 나뉘는 향입니다. 베이스 노트로 전체 향이 지속되도록 도움을 주고 다른 향들과 조화를 이루는 고착제 역할을 하기 때문에 다른 오일과 블렌딩하면 정말 놀랄만큼 풍부한 향을 만들어 내는 재주가 있습니다. 물론 비율은 신중히 선택하셔야 합니다. 무겁고 강한 향이니까요.

베이스 노트의 오일들이 전반적으로 안정감을 주는 경향이 있는데, 파츌리 또한 지나친 긴장감과 불안감을 감소시키며 깊은 우울 상태에 빠지지 않도록 중심을 잡아주는 오일입니다. 아시아 일부 지역의 사원에서도 이 향을 피웠다고 합니다. 지표 성분은 파츌리 알코올로 최소 30% 이상있어야 하고, 많이 들어있을수록 고품질로 취급됩니다. 이 성분이 염증을 억제하거나, 미생물이나 균의 성장을 억제합니다. 파츌리 오일이 피부병을 일으키는 균의 활동을 억제하기 때문에, 벌레 물린 데 바르는 아로마 연고로 만들어 사용합니다. 자극이 거의 없고 독성도 거의 없는 것으로 보고되어 있어 스킨 케어용으로 사용 가능합니다.

파츌리(Patchouli) 오일 핵심정리
- 학명: *Pogostemon cablin*
- 과명: 꿀풀과
- 노트: 베이스
- 주요적응증: 방충, 긴장과 불안, 균감염증, 벌레 물린데

22 너무 시원해서 자극적인 페퍼민트 오일

가정에서 페퍼민트를 키우시는 분들이 있으실 거예요. 음료
나 음식을 만들 때 장식용으로 사용하고 말려서 차로 마시기
도 합니다. 페퍼민트 오일은 아로마테라피에 사용되고 치약,
구강세정제나 비누를 만들 때도 사용하니, 참 실용적입니다.
하지만 한꺼번에 많은 량을 사용하지는 않습니다. 피부나 점
막이 민감한 분들은 자극을 느낄 수 있기 때문에 아로마테라
피에서는 1% 이하 소량으로 사용하길 권합니다.

페퍼민트 오일은 시원하고 기분을 상쾌하게 만드는 향도 있
고, 후추와 같이 톡 쏘는 향도 있습니다. 우리가 시원하다고
느끼는 것은 주로 '멘톨' 때문인데, 붙이는 시원한 파스에도
이 성분이 있어서 시원하게 느끼게 됩니다. 하지만 시원한 느
낌이 누구에게나 좋은 결과를 나타내는 것은 아니고 순간적으
로 체온에도 영향을 줄 수 있기 때문에 고농도로 사용하지
않습니다. 페퍼민트 오일은 정신적으로 피로하고 지쳐 있을
때 몸과 마음에 에너지를 불어넣고 머리를 맑게 하기 위한
테라피에 포함됩니다. 예를 들면 공부하거나 시험을 준비할
때 집중력 향상을 위해 발향하는 오일입니다.

요리할 때 음식에 페퍼민트 잎을 첨가하는 이유는 잡내도

없애고 신선함을 더하기위한 목적도 있지만 예로부터 소화불량이나 헛배부름, 복통과 같은 소화기 증상 조절을 위해 사용된 경험이 있기 때문입니다. 배가 아플 때 페퍼민트 오일을 캐리어 오일에 섞어서 복부 마사지를 하기도 하고, 멀미나 구토 증상에 발향하기도 합니다. 그래서 소화기 관련 증상이 생겼을 때 흔히 사용하는 오일입니다.

페퍼민트 오일로 마사지를 하면 시원함을 느낄 수 있는데 이 냉각효과로 인해 통증이 억제됩니다. 근육통이 있거나 멍이 들었을 때, 두통이 있을 때, 운전하다가 졸음이 올 때, 가려울 때도 사용합니다.

페퍼민트 오일은 실생활에서 접할 기회가 많아 안전하고 친근하게 느껴지지만 유아나 소아 그리고 임산부에게 자극적일 수 있으므로 사용하지 말아야 합니다.

페퍼민트(Peppermint) 오일 핵심정리
- 학명: *Mentha x piperita*
- 과명: 꿀풀과
- 노트: 탑~미들
- 주요적응증: 집중력 향상, 소화불량, 헛배부름, 복통, 멀미, 구토, 근육통, 두통

23 신과 인간의 소통을 돕는 프랑켄센스 오일

프랑켄센스 오일은 보스웰리아 카테리라는 나무에서 얻은 수지에서 추출합니다. 보스웰리아? 요새 관절영양제로 판매되고 있는 보스웰리아라고 들어보셨나요? 이렇게 건강기능식품으로 판매되고 있는 제품은 보스웰리아 세라타 추출물로 만들고, 염증을 억제하는 보스웰릭산이 들어있습니다. 반면 프랑켄센스 오일 안에는 보스웰릭산이 없으니 관절영양제로 생각하시면 안 됩니다. 로버트 티저랜드가 언급했듯이 보스웰릭산은 무거워서 오일로 추출하기 어렵습니다.

보스웰리아 나무는 감람나무 또는 유향 나무라고도 하며, 그 줄기에 상처를 낸 후 흘러나오는 수액을 받으면 딱딱한 고체가 되고 향이 나서 유향이라 부릅니다. 성경에서 동방박사가 아기 예수가 태어났을 때 황금과 같이 선물할 만큼 귀한 상품이었습니다. 프랑켄센스 오일 생산국은 홍해 연안의 소말리아, 예멘 등과 같이 건조한 지역으로 수량이 많지 않아 현재는 양질의 오일을 구하기가 쉽지 않고 값도 비쌉니다.

사이프러스 오일처럼 알파피넨이 있어서인지 살짝 순한 피톤치드 유사한 향이 나고, 염증 억제 효과도 있어서 천식이나 기관지염과 같은 염증성 호흡기질환에 사용합니다. 에스테르 계열과 다양한 종류의 세스퀴테르펜 계열의 성분이 있어서 자극적이지 않고 편안한 향입니다. 마음을 안정시켜 주어 명상이나 신과의 소통을 중시하는 사원에서 발향합니다. 일상 생활에서 과도하게 긴장하고 있거나 몸과 마음의 균형을 잃어 힘들 때 프랑켄센스 오일을 사용해 보세요. 2003년 해외의 생명과학학술지에 발표된 연구에 따르면 강력한 면역 자극제라고 합니다. 차분하면서도 강력함이 있어서 예로부터 귀하게 사용했나 봅니다.

프랑켄센스 오일은 자극이 거의 없어 피부 재생이나 노화억제 목적으로도 사용됩니다. 14세기 헝가리의 여왕이 아름다움을 유지하기 위해 사용했던 "헝가리워터"가 유명한데, 이 향수를 제조할 때 프랑켄센스 오일도 들어갑니다. 집에서 아로마 스킨이나 로션을 만들 때 블렌딩하기 좋은 오일입니다. 베이스 노트이기 때문에 너무 많은 량을 사용하면 전반적으로 무겁게 느껴질 수 있어서 소량 사용하시는 것을 추천합니다.

프랑켄센스(Frankincense) 오일 핵심정리
- 학명: *Boswellia carterii*
- 과명: 감람나무과
- 노트: 베이스
- 주요적응증: 천식, 기관지염 같은 염증성 호흡기질환, 진정, 세포 재생 및 상처 치료

제3부 생활 속의 아로마테라피

1 곰팡이쯤이야

몸에서 살고 있는 미생물 중에는 사람에게 유익한 영향을 주는 유산균도 있지만 질병을 일으키는 세균, 바이러스나 곰팡이같은 병원성 미생물도 있습니다. 이 균들이 서로 잘 견제하고 각각 있어야 할 곳에 적정량만 있으면 문제를 일으키지 않지만 그 균형이 깨지면 원하지 않는 변화가 나타납니다. 이렇게 균형이 깨지는 원인은 개개인의 식이나 스트레스, 특정 약물 복용 등 다양합니다. 그 결과 아랫배가 너무 빵빵하게 느껴지는 불쾌감, 설사, 질 가려움증, 각종 염증이 생기는 난감한 상황이 벌어지게 됩니다.

그 중 곰팡이는 햇빛이 잘 들지 않는 어두운 곳, 온도가 높은 곳, 습도가 높은 밀폐된 공간에서 증식이 잘되기 때문에 더운 여름철 피부가 접히는 부위, 예를 들면 발가락 사이, 질, 겨드랑이, 사타구니에서 괴로운 증상을 일으킵니다. 일단 불편한 증상이 나타난 후에는 여러가지 치료를 아무리 잘 해도 원상으로 돌아가는데 다소 시간이 걸리지만, 평소에 곰팡이에 대한 방어 효과가 뛰어난 에센셜오일을 생활 속에서 잘 사용하면 건강한 피부를 지킬 수 있다는 걸 주변에서 많이 볼 수 있었습니다. 예를 들면 발톱에 무좀균이 침범하여 장기간 항진균제를 먹게 되면 간에 부담이 될 수 있는데, 오레가노나 티트리 오일을 블렌딩해서 바르거나 족탕도 같이하면 어느 순간 예쁜 발톱이 나오게 되어 약을 복용하는 기간을 단축시킬 수 있었습니다. 염증이 생겨 항생제를 먹고 난 후에 곰팡이가 증식해서 질 주변에 가려움증이 생기면 티트리, 라벤더와 제라늄 오일로 블렌딩을 해서 속옷에 살짝 스프레이 해도 좋은 효과를 볼 수 있었습니다.

- 곰팡이 증식을 억제
  : 라벤더, 제라늄, 시더우드, 오레가노, 티트리 오일

2 가벼운 상처가 생겼을 때

저한테 제일 많이 사용하는 오일을 세가지 말해보라고 하면 망설임 없이 라벤더, 유칼립투스와 함께 티트리 오일이라고 말합니다. 아무래도 약국이다 보니 미용목적의 오일보다는 항균, 항염, 항바이러스 효과가 있는 오일들을 자주 소개하게 됩니다. 비슷한 효과를 갖는 페퍼민트 오일도 많이 알려져 있지만 향이 너무 강해서 힘들어 하시는 분들도 있어서 일차로 선택하는 오일은 아닙니다.

아무리 아로마테라피에 대해 관심이 없는 사람이라도 티트리 오일이 염증억제 효과가 있다는 말은 한 번쯤 들어 보셨을 겁니다. 특히 얼굴에 생기는 왕성한 트러블 때문에 고민해 본 젊은 분들이 티트리 오일을 사용해 봤다는 얘기를 심심치 않게 들었습니다.

티트리 오일은 라벤더 오일과 마찬가지로 피부에 희석하지 않고 직접 사용할 수 있어 응급상황에서 싱글 오일로 쓰이지만 다른 에센셜오일과 블렌딩해도 그 효과를 극대화시킬 수 있습니다. 예를 들면 가벼운 찰과상, 타박상, 벌레 물린데, 발진, 손소독제, 발 냄새, 곰팡이균 감염 등에 라벤더, 페퍼민트, 오레가노 오일과 블렌딩해서 소량으로 단기간 사용하는 경우가 많습니다.

제가 운동하다가 새끼발가락에 타박상을 입어 항생제 연고만 바르고 대수롭지 않게 생각했는데 며칠 후 빨갛게 염증이 생겨 부풀어 오른거예요. 거기에 티트리 오일을 떨어뜨렸는데 거짓말같이 다음날 하얗게 변했습니다. 신기해하며 계속 사용했더니 이번에는 발가락이 쪼글쪼글 해지며 회복되고 있었습니다. 순간 티트리 오일을 사용하면 건조해질 수 있다는 걸 깜박했구나 생각했습니다. 처음부터 보습효과가 있는 오일과 블렌딩했으면 좋았을텐데 싶었습니다.

● 상처 회복에 도움
    : 라벤더, 캐모마일, 티트리, 프랑켄센스 오일

3 벌레야 오지마라

  식물이든 동물이든 기본적인 자기보호 본능에 따라 외부의 침략에 대응해서 각기 다른 전략을 가지고 있습니다. 식물들이 자신을 괴롭히는 벌레들에게 대응하는 방법은 벌레가 싫어하는 향을 내뿜거나, 경보물질을 발사하거나, 독성물질이나 소화가 안되는 물질을 먹도록 만들거나, 자신이 싫어하는 벌레를 잡아먹는 곤충을 유인하는 향을 내는 것입니다. 종족을 번식하기 위해 화분 가루를 멀리 이동해 주는 나비나 벌들은 유혹하지만, 잎을 갉아먹거나 아직 덜 익은 열매를 먹어 버리는 적들을 물리치기 위해 참으로 비상한 기술들을 가지고 있으니 알면 알수록 신기하고 감탄할 수밖에 없습니다.

  이런 식물의 향기성분은 면역력이 약한 노약자나 알레르기 체질인 사람들이 벌레공포증 때문에 활동이 제한되지 않도록 도움을 줍니다. 누구나 벌레가 가까이 오는 게 좋을 리 없겠지만, 벌레에 물렸을 때 피부가 크게 부풀어 오르거나, 조금만 피부자극이 있어도 신경이 예민해지거나, 벌레가 많이 꼬이는 장소에 가는 게 꺼려지는 사람들은 미리 벌레가 싫어하는 에센셜오일을 잘 사용하면 부작용없이 스스로를 보호할 수 있으니 얼마나 감사한 일인지 모릅니다.

옛날 우리 선조들이 벌레를 쫓는데 써왔던 계피나무의 두꺼운 껍질은 현대에 와서 시나몬 오일로 발전하였고, 아토피 환자의 침대에서 숨어 살고 있는 진드기를 퇴치하는데 효과가 있다고 합니다. 제라늄은 사시사철 꽃을 피우며 달려드는 해충을 쫓아 내기 때문에 서양에서는 집안으로 들어오는 입구에 많이 놓아 두었고, 시트로넬라 오일은 보통 여름철 바캉스 갈 때 팔찌에 뿌려서 어린이들의 손목에 채워주기도 합니다.

제가 근무하는 약국도 주변에 나무들이 많아 여름이 되면 아예 벌레들과 한집살이를 각오할 정도라서 벌레들이 싫어하는 향들로 블렌딩해서 발향해놓고 노출되는 부위에 아로마 스프레이를 뿌리면서 그런대로 여름을 잘 나고 있습니다.

● 벌레 퇴치에 도움
　: 라벤더, 레몬, 레몬그라스, 제라늄, 시나몬, 유칼립투스, 파출리, 페퍼민트 오일

4 코로나로 인한 후각장애

코로나 후유증으로 후각장애가 생긴다는 논문이나 뉴스를 많이 보았지만 가까운 지인에게 관련된 경험을 듣고 나니 어떤 특정인에게 국한되는 일이 아니라 누구에게나 일어날 수 있겠다는 생각이 들었습니다. 코로나 바이러스에 감염되면 후각뿐 아니라 미각까지도 마비되는 경우가 있는데, 보통 6개월이 지나면 회복되고 아주 소수는 회복되지 않는다고도 합니다.

제가 제일 처음 이런 사례를 접하게 된 건 코로나19 바이러스가 유행하던 초기에 미국에 거주하는 가족인 36세의 여성 한의사였습니다. 어느 날 진료를 하는 중에 갑자기 콧물이 주르륵 흐르고 몸살 같은 근육통이 생겨서 불현듯 코로나 감염일 수 있겠다는 생각이 들었다고 합니다. 퇴근 후에 각종 김치를 사서 냄새를 맡아보았는데 전혀 냄새를 느낄 수가 없어 PCR검사를 하니 코로나 바이러스에 감염된 것으로 확인되었습니다. 평소에 환자를 진료할 때나 집에서 에센셜오일을 여러 용도로 사용했고 코로나 감염증 증상을 겪고 있는 동안에도 꾸준히 사용한 결과 후각이 빨리 돌아와 다행이었다는 말을 한참 지나서야 들을 수 있었습니다.

두번째는 아주 애기 때부터 냄새뿐 아니라 모든 감각이 예민한 중2 남학생입니다. 여름방학이 끝난 후 학교에서 코로나

가 기승을 부릴 때 가족 모두가 코로나 바이러스에 감염되고 말았습니다. 평소에는 학교 후 방문을 열자마자 맡을 수 있었던 유칼립투스 오일향이 코로나 감염증 증상이 생긴 당일에는 느껴지지 않았고 디퓨저 바로 앞에 가서 코를 들이대고 나서야 살짝 냄새를 맡을 수 있었다고 합니다. 이러한 후각 상실은 미각상실과 더불어 가뜩이나 식욕부진이 동반될 수 있는 후유증을 더 심하게 할 수 있습니다.

후각 치료의 한 방법으로 아로마테라피가 소개된 논문들을 보고 후각장애를 호소하는 분들께 소개해 드렸더니 불편한 증상이 개선되었을 뿐만 아니라 정서적으로도 큰 위로가 되었다는 말씀을 들을 수 있었습니다. 뭐를 해야 할지 몰라서 당황스러웠는데 도움이 되는 정보를 알려주어 많이 고마웠다고 하시니 저 또한 감사한 마음이 들었습니다.

● 후각 재활운동에 도움
 : 레몬, 로즈, 로즈마리, 시나몬, 오렌지, 유칼립투스, 클로브 오일

5 환절기 알레르기를 살살 달래봅니다

아침에 일어나자마자 콧물이 주르륵, 찬물에 손을 넣자마자 주르륵, 굳이 달력을 보거나 뉴스를 보지 않아도 환절기가 온 건 몸이 먼저 알아차리고 신호를 보냅니다. 환절기 알레르기가 심한 분들에게 발생되는 일련의 증상을 '알레르기 행진'이라고 하는데, 출생 후 처음으로 음식에 알레르기 반응이 나타나고, 그 후 아토피, 천식을 거쳐 비염으로 진행하는 걸 말합니다. 아토피와 천식도 괴롭지만 그래도 자라면서 극복할 수 있는 기회가 있는데, 알레르기성 비염은 한참 공부를 해야 하는 고교시절까지 지속되기 쉬워 학업에 굉장히 부담이 됩니다. 특히 콧물이 하염없이 쏟아지거나 코가 막혀 숨을 제대로 쉴 수가 없어 여간 귀찮은게 아닌데 알레르기 억제 약물은 정신을 몽롱하게 하거나 잠이 오게 만드는 경우가 많아서 신중하게 선택해야 하는 어려움이 따릅니다. 요새는 이런 이상반응이 적은 알레르기 억제약들이 나오긴 하지만 사람에 따라서 그 반응이 다릅니다.

알레르기 체질이라면 일단 알레르기 유발 물질이 내 몸 속으로 들어오는 것 자체를 차단하는 방법으로 생활하거나 집안을 청소할 수 있는 노하우를 익히고, 꽃가루나 미세먼지 날릴 때에는 외출하지 않고, 피할 수 없어서 일단 내 코 속으로 들어왔다면 매일 세수하고 이를 닦는 것처럼 코세척도 매일 하는게 기본입니다. 이차적으로는 코점막이 붇지 않도록 주위에 있는 모세혈관이 확장되는 것을 막고 건조해지는 걸 줄여주기 위해 보습제를 사용하는 습관도 필요합니다. 외부기관에 대한 대처를 한 후에는 몸안에서 알레르기 반응을 일으키지 않는 음식을 섭취하고, 근거중심의 영양물질을 복용하는 방법이 완치는 아니지만 적절히 관리하는 순리적인 방법입니다.

알레르기 체질을 개선하는 방법이 다양하지만 아로마테라피는 근거와 경험없이 함부로 쓰지 않고 주의를 기울여 제대로 쓰면 부작용을 일으키지 않으면서 자연적으로 내 몸의 면역과 컨디션을 조절해 줄 수 있습니다. 마음을 급하게 먹지 말고 환절기 알레르기 증상을 살살 달래듯이 서서히 아로마 생활화를 습관화하면 어느 순간 나도 모르게 환절기에도 알레르기가 생기는 횟수가 줄어들고 증상이 감소되는 경험을 할 수 있습니다. 예를 들면 실내공간에 유칼립투스 같은 공기정화 오일을 발향하면 아침에 일어나 찬공기에도 재채기를 하는게 없어졌다고도 하고, 개인별로 인헤일러를 사용하기도 하고, 자기전에 보습크림에 섞어 코주위에 바르고 가슴 부위에 마사지할 수 있습니다. 아무 노력없이 약물요법만 할 때보다 에센셜오일을 함께 사용했을 때 호흡이 편해지고 약물의 용량과 복용 횟수도 줄어드는 경우를 많이 볼 수 있었습니다.

- 환절기 알레르기에 도움

  : 라벤더, 로즈마리, 레몬, 미르, 유칼립투스, 캐모마일, 티트리, 페퍼민트, 프랑켄센스 오일

6 자연의 향기를 선물하세요

누구나 한번은 특별한 날에 어떤 선물을 해야 하나 고민을 해 본 경우가 있으시지요. 현대인의 생활이 아무리 바빠도 축하해 줄 일도 생기고, 위로를 해주어야 할 때도 있게 마련입니다. 명절이나 생일과 같은 일상적인 기념일뿐 아니라 이사, 승진, 출산, 개업처럼 중요한 날에 작은 정성이라도 전하고 싶은 경우가 종종 있습니다. 선물의 종류나 가격도 문제지만 무엇보다도 상대방이 선물을 받고 좋아할지가 제일 신경쓰이는 일이 아닐런지요. 저는 에센셜오일이 얼마나 좋은지를 알기 때문에 지인들에게 축하나 위로를 전할 때 자주 선물하는데 그 분께 꼭 필요한 오일을 선택하려고 여러 가지로 고민을 하는 편입니다.

에센셜오일을 선물할 때에는 그냥 주는 것에 그치지 말고, 받는 분이 오일에 대해 얼마나 알고 있는지 질문해 보고, 해당 오일을 선택한 이유를 설명해 드리고 어떻게 사용하면 좋은지 설명해 주어야 합니다. 그렇지 않으면 귀한 선물들이 그냥 집안 한구석에 자리만 차지하고 있게 됩니다. 선물할 때 가장 많이 받는 질문은 '집에 있는 에센셜오일을 언제까지 쓸 수 있을까요?' 혹은 '누구에게 어떻게 사용하면 좋아요?'입니다.

에센셜오일은 각 오일의 특성, 희석한 오일, 블렌딩 오일, 개봉유무, 보관상태 등에 따라 실질적인 유효기간이 차이가 날 수 있습니다. 어떤 오일은 신선한 상태로 빠른 시일 내에 사용하는게 좋고, 어떤 오일은 시간이 지날수록 그 향과 효능이 깊어지기도 하니까요. 사용하는 방법도 나이나 용도에 따라 다르기 때문에 내가 알듯이 상대방도 다 안다고 생각하지 말아야 합니다.

제일 쉽게 에센셜오일에 접근하는 방법으로는 공기정화, 수면장애, 집중력을 위해 발향하거나 개인별로 좋아하는 오일을 희석하여 휴대하고 다니면서 피곤하거나 우울해질 때 손목과 귀 뒤와 같은 피부에 직접 바르거나 향을 맡는 게 제일 편합니다.

어떤 선물이든 내가 좋아하는거 말고 상대방이 잘 쓸 수 있는 걸 선택해야 하는데 에센셜오일은 남녀노소 누구나 사용할 수 있어서 좋은 선물이 되는 건 틀림없지만, 그냥 말없이 주지 말고 잘 사용할 수 있게 설명까지 해주면 서로가 만족할 수 있는 그런 의미있는 선물이 됩니다.

● 새집증후군, 새 차의 가죽 시트 냄새
  : 레몬그라스, 사이프러스, 주니퍼베리, 파인, 히노끼 오일
● 부모님의 수면장애
  : 라벤더, 로먼캐모마일, 마조람, 베티버 오일

- 환자의 방의 살균과 항균
  : 라벤더, 레몬, 오렌지, 버가못, 주니퍼베리, 클로브 오일
- 불쾌한 냄새 제거
  : 그레이프후르츠, 파인, 펜넬, 프랑킨센스 오일
- 수험생의 집중력 증가
  : 로즈마리, 마조람, 바질, 버가못, 페퍼민트 오일

7 잠을 제대로 충분히 자야 합니다

　사회가 복잡해질수록 고령층뿐 아니라 젊은 성인층에서도 잠을 제대로 충분히 자지 못한다는 보도가 점점 늘어나고 있습니다. 처음에는 쉬면 나아지겠지 하고 대수롭지 않게 생각하다가 어느 순간 불면증이라는 진단을 받게 되면 단순히 잠의 문제만이 아니게 됩니다. 잠을 충분히 자지 못하면 피로누적과 면역저하도 문제이지만, 뇌가 쉬지 못하고 일하면서 쌓인 노폐물을 충분히 배출하지 못해서 새로운 정보를 받아들이는 것도 느려지게 됩니다. 수면장애의 원인 중 1위가 스트레스라고 하고, 초기에 적극적으로 대처하지 않으면 우울증이 생길 수 있고, 나이가 들면 치매까지 진전될 수 있습니다.

　스트레스로 인한 수면장애는 크게 세가지로 나눌 수 있는데, 성향 자체가 생각이 많거나, 환경이 변화되면서 겪는 마음의 고통 때문이거나, 나이가 들면서 생길 수밖에 없는 생리적인 노화 현상입니다. 생각이 많은 사람들은 작은 일도 대범하게 넘기지 못하고 항상 되씹다 보니 잠이 편하게 들 수가 없습니다. 사회에 처음 진출한 새내기들이 겪는 조직문화에 대한 스트레스, 임신과 출산에 이어 육아에 따른 스트레스, 갑작스러운 배우자의 사망으로 인한 스트레스가 모두 환경이 변화되면서 생기게 됩니다. 그 밖에 암과 같은 만성질환으로 인한 신체적 고통과 재발에 대한 불안, 교통사고로 인한 외상 후 스트레스도 있습니다. 초고령화 사회에 진입하는 현시대에는 노인들의 수면 장애도 큰 문제가 되는데 저녁에 일찍 잠이 들더라도 새벽 두시에서 세시쯤 소변때문에 깨서 다시 잠에 들 수 없어서 고생하기도 합니다.

이렇듯 여러 이유로 잠에 들기까지 시간이 많이 걸리거나, 중간에 깨서 다시 잠들기 힘들거나, 너무 일찍 일어나는 증상 모두 초기에 아로마테라피를 한다면 좋은 예후를 보여줄 수 있습니다. 수면장애에 도움이 되는 방법으로 흡입법, 디퓨징, 족탕, 족부 마사지, 승모근 마사지, 반신욕 등이 있습니다. 이에 더해 일상생활에서 할 수 있는 생활요법을 추가하시면 도움이 됩니다. 다만, 새로운 수면 리듬을 만들려면 아무래도 지속적인 노력이 필요하다는 건 다 알고 계시리라 생각합니다.

- 생활요법: 낮에 햇빛보기, 적당한 운동하기, 잠자리에 들기 전에 핸드폰과 TV 사용 절제하기, 복부를 따뜻하게 하기
- 수면에 도움
  : 네롤리, 라벤더, 로먼캐모마일, 마조람, 버가못, 베티버, 샌달우드, 오렌지, 일랑일랑 오일

8 후각의 노화를 더디게 할 수 있다면

사람에게는 시각, 청각, 촉각, 미각, 후각이라는 다섯가지 감
각이 있습니다. 이 중에서 나이에 따른 후각의 변화를 보면,
50대부터 서서히 냄새를 분별하는 능력이 저하되기 시작하고,
건강한 65세부터 80세까지 인구의 절반이 후각상실을 나타내
고, 80세 이상의 노인 중 사분의 삼이 냄새를 잘 맡지 못한다
고 알려져 있습니다. 그래서 탁월한 후각기능이 중요한 와인
소믈리에나 커피 큐레이터, 조향사 자격증을 취득하기 위한
조건에 나이제한이 있는가 봅니다.

다른 감각저하도 노후에 삶의 질을 떨어뜨리겠지만 특히 후
각의 감소는 일상생활에서 많은 불편함을 일으킬 뿐만 아니라
더 나아가 건강하고 안전하게 삶을 유지하는데도 위험요소가
될 수 있습니다. 후각이 감소될수록 음식의 향을 느끼지 못하
니 식욕이 저하되고, 미각도 둔해져서 음식의 간도 못 맞추고,
치아가 부실하니 잘 씹지도 못하고, 소화도 되지 않고 흡수
기능도 예전 같지 않아서 영양부족이나 영양불균형 상태가 되
어 면역력이 떨어질 수밖에 없습니다. 후각감소가 이렇게 음
식을 먹는데도 영향을 주지만 더 위험스러운 건 생명에도 직
접적으로 위협이 될 수 있다는 사실입니다. 음식이 상했는데
그 냄새를 못 맡고 그냥 먹어서 건강을 크게 해칠 수도 있고,

계란 썩는 냄새가 나서 알아차릴 수도 있는 가스누출을 미리 알아차리지 못하는 경우도 있다고 합니다.

노후에 건강을 유지하기 위해서는 영양관리만이 아니라 감정관리도 중요한데, 특히 냄새를 잘 못 맡는 사람들이 우울감이 더 심하거나 불안감이나 초조감도 많이 호소한다고 합니다. 치매나 파킨슨증후군의 초기 증상이 후각감소라는 논문을 본 후로는 구체적인 노화 증상이 시작되는 50세 이후에는 후각의 노화를 더디게 하기 위해 아로마 향을 생활화해야 한다고 적극적으로 권하는 편인데 그동안 몰라서 사용하지 못했다고 하시는 분들도 다수 있으셨습니다. 요즘은 단체생활을 하는 노인요양원 같은 시설에서 정서적 안정과 공기정화를 위해 아로마테라피에 대해서 문의를 하시는데, 에센셜오일이 워낙 고농축 오일이고 사람에 따라 향기에 대한 취향이 달라서 사용에 주의를 기울여야 한다고 상담을 해드리곤 합니다.

● 기분전환과 공기정화에 도움
  : 레몬, 사이프러스, 오렌지, 버가못, 유칼립투스, 주니퍼 베리, 클로브, 티트리 오일

9 여행할 때 챙기면 좋습니다

여행을 가면 환경이 바뀌면서 예상하지 못했던 건강상의 문제가 생길 수 있습니다. 물을 갈아 먹게 되면 생길 수 있는 여행자설사, 평소와는 다른 음식과 과식으로 일어날 수 있는 소화불량, 공기오염과 꽃가루 등으로 인한 알레르기 반응, 배만 타면 고통스러운 심한 멀미, 피곤한 상태에서 생기는 두통과 근육통, 환경만 바뀌어도 생기는 변비, 시차차이로 인한 불면, 가벼운 상처부터 발목 염좌와 같은 응급 상황. 이런 일들은 아무리 조심해도 일어날 수 있습니다. 즐거워야 할 여행에서 행여 몸이 아파서 온전히 즐길 수 없다면 낭패이니 개인적인 건강문제에 대해 준비를 하는 것은 기본이며 혹시 생길 수 있는 비상상황에서도 도움이 됩니다.

앞서 열거한 다양한 상황에 따른 상비약을 다 준비하면 좋겠지만, 현실적으로 번거롭고 또 일일이 준비하더라도 그 종류가 너무도 많을 수밖에 없습니다. 하지만 에센셜오일은 서너가지 정도만 준비해 가도 여러 상황에 도움이 되기 때문에 저는 국내든 해외든 여행할 때는 꼭 라벤더, 티트리, 유칼립투스, 사이프러스 오일을 가지고 다닙니다.

여행스타일이 사람마다 다 다르겠지만, 저는 호기심이 많은 편이라 여행을 가면 한 곳에서 푹 쉬는 것보다 여기저기 거리 구석구석을 놓치지 않고 많이 걸으며 돌아다니는 편이라 항상 발의 피로 회복에 신경을 많이 씁니다. 하루 일정이 끝나고 샤워할 때 뭉친 근육을 풀기 위해 혈액과 림프 순환에 도움이 되는 아로마 마사지를 하고 발등과 발바닥에게도 '오늘 참 고생 많이 했어. 내일도 잘 부탁해'하면서 꼼꼼이 에센셜오일로 어루만져 주면 피로회복에도 좋지만 잠도 편안하게 잘 수 있어 참 좋습니다.

● 알레르기 증상조절
  : 라벤더, 로먼캐모마일, 제라늄, 유칼립투스, 티트리 오일
● 발의 피로에 도움
  : 라벤더, 레몬, 자몽, 제라늄, 사이프러스, 유칼립투스, 페퍼민트 오일
● 두통과 소화불량에 도움
  : 레몬, 로즈마리, 마조람, 버가못, 블랙페퍼, 진저, 유칼립투스, 페퍼민트 오일

10 향을 지닌 식재료에서 향기를 모으면

음식의 맛을 배가시키는 방법은 다양합니다. 그 중에서도 주재료가 아닌 부재료로 소량만 넣어도 음식의 격을 올리고 식욕을 돋우는 식재료가 '향신료'입니다. 국어사전에는 음식에 맵거나 향기로운 맛을 더하는 조미료라고 쓰여 있습니다. 예를 들면 세계적으로 유명한 3대 향신료에 계피, 후추 그리고 정향이 있는데, 이 재료에서 향기성분을 추출하여 아로마테라피에 사용하고 있다는 사실을 아셨나요?

음식에 첨가하는 향신료로 사용하는 계피는 계피나무 껍질을 건조하여 사용하고 아로마테라피에서는 계피나무의 잎과 껍질에서 향기성분을 추출한 시나몬 오일을 사용합니다. 후추는 블랙페퍼 오일, 정향은 클로브 오일의 재료입니다. 고기나 생선 요리할 때 이런 향신료를 사용하는 이유는 누린맛과 비린맛을 제거하고, 균을 억제하는 작용이 있어 음식이 쉽게 상하지 않도록 만들기 때문입니다. 재미있게도 향신료에서 추출한 에센셜오일도 강력한 항균 작용을 가지고 있습니다. 소화가 되지 않거나 식욕이 떨어져 있을 때 사용하면 좋습니다. 클로브 오일은 꽃봉오리에서 추출했다고 믿기지 않을 만큼 강한 매운맛이 느껴지고 소독약 같은 향이 납니다. 굳이 말하지 않아도 강하게 균을 억제할 수 있겠구나하는 생각이 듭니다.

블랙페퍼 오일과 진저 오일은 자극적이면서 매운맛이 나고 동시에 따뜻함이 느껴집니다. 이 두 오일 모두 몸을 따뜻하게 해서 혈액이 원활히 순환되도록 도와서 근육통과 같은 통증 치료에 사용되고, 복통이나 소화불량과 같은 소화기 증상을 개선시키는 효과가 있습니다.

생선 요리할 때나 장식용으로도 많이 쓰이는 타임의 꽃과 잎에서 추출한 타임 오일은 부드러운 매운 향도 있고 살짝 달콤한 향도 납니다. 모노테르펜 알코올 계열이 주성분이라 균 억제 작용이 뛰어나며, 소화불량과 같은 증상에도 사용합니다. 다만 페놀류가 있어 소량 사용해야 합니다.

요리에도 사용하고 차로도 마시는 페퍼민트에서 추출한 페퍼민트 오일은 시원하고 상쾌하며 날카로운 후추 같은 향이 나는데, 배가 아플 때나 멀미나 구토가 날 때 흔히 사용됩니다. 멘톨 성분이 갖는 냉각효과로 통증 치료에도 사용합니다.

육류 요리에 많이 사용하는 로즈마리에서 추출한 로즈마리 오일은 시원하고 상쾌한 향기가 납니다. 케모타입에 따라 그 활용도가 다르지만 가장 많이 사용되는 로즈마리 버베논 오일은 소화기 증상을 개선시키고, 혈액 순환도 개선시켜서 부종이나 두피 관리용도로 사용됩니다. 비듬이나 탈모 관련 제품 중에 성분을 보시면 로즈마리 오일이 포함된 아로마 제품들이 있습니다.

열대지역에서 자라며, 닭고기와 생선요리에 사용되는 레몬그라스에서 추출한 레몬그라스 오일은 부드러운 레몬향에 풀 냄새가 나며, 균을 강력하게 억제합니다. 소화기 증상을 개선시킬 때도 사용하고 통증을 조절할 때도 사용합니다.

위에서 설명한 오일들은 모두 향신료에 속하며 소화기 증상과 통증을 조절하는 효과가 있다는 공통점을 눈치채셨나요? 이 오일들은 한 번에 많은 량을 쓰면 안 되고 자극감이 있기 때문에 소량 사용하고, 임신 중에는 사용을 하지 않는 것이 좋습니다.

약과 음식은 그 근본이 동일하다는 뜻을 지닌 '약식동원'이란 말이 있습니다. 제 생각에는 향신료에서 추출한 오일들도 일부 그러한 역할을 담당하고 있는 것 같습니다.

● 향신료에서 추출한 오일
  : 레몬그라스, 로즈마리, 블랙페퍼, 시나몬, 클로브, 타임, 페퍼민트 오일

11 임신중에도 사용할 수 있을까?

아기 엄마들에게 임신기간 중 경험한 몸과 마음의 변화를 말해보라고 한다면 백이면 백사람이 너무도 다른 저마다의 이야기를 할 수 있습니다. 그건 우리의 몸이 어떤 상황에서 대해 반응하는 정도나 방법이 다 다르기 때문입니다. 그래서인지 임신을 하게 되면 가능하면 건강하고 자연적인 것들에 관심을 갖게 됩니다. 자신도 어떤 일이 생길지 잘 모르니까요. 따라서 이 시기에 '천연'이란 단어는 매우 매력적이면서도 안정감을 주게 됩니다. 그 중 에센셜오일은 식물에서 얻었으니까 더 안전하고 몸에 좋다고 생각하는 경향이 있습니다. 그러나 자료를 찾다 보니 천연원료라 할지라도 함부로 쓸 수는 없다는 전문가들의 조언들이 있었습니다. 특히 임신 중에 에센셜오일을 먹는 것은 절대로 권하지 않습니다.

영국에 위치한 전문 아로마테라피스트 국제 연맹에서 제시한 임산부용 가이드라인에 의하면 최상급의 에센셜오일과 캐리어오일을 사용하고, 고농도의 페놀, 방향성 알데하이드와 에테르 성분이 포함된 오일은 피부에 자극을 줄 수 있기 때문에 사용하지 않도록 권합니다. 페놀은 오레가노, 타임, 클로브와 시나몬 오일에 있고, 방향성 알데하이드는 시나몬과 쿠민 오일에 있고, 에테르는 애니시드와 펜넬 오일에 있습니다. 에센셜오일이 태반을 통과하기 때문에 태아에게 영향을 줄 수 있는 가능성이 있지만 1% 이하의 저농도로 희석하여 사용한다면 실제로 태반을 통과하는 것은 매우 극소량이어서 정확하게 희석하여 사용한 경우에서 문제가 보고된 경우는 없었다고 합니다. 그리고 임신전에는 민감한 피부가 아니었더라도 임신 기간에는 예민해질 수 있기 때문에 캐모마일과 티트리 오일도 주의를 기울여 농도를 맞추어 사용하거나 피하길 권하고 있습니다.

구글 검색을 통해 임산부를 대상으로 시험한 연구 결과를 찾아보았더니 임신 초기의 임부가 입덧이 있을 때 몇 분 동안 레몬 오일의 향을 맡는 방법이 효과적이었습니다. 임신 29주 이후 말기에 속하는 임부를 대상으로 스트레스나 불안감을 조절하기 위해 라벤더, 레몬, 버가못, 네놀리와 페티그레인 오일을 이용한 연구들이 보고되어 있습니다. 임산부를 대상으로 한 연구들은 대부분 1% 정도로 희석한 에센셜오일을 솜에 몇 방울 떨어뜨려 그 향을 맡거나 손마사지처럼 신체 말단 부위를 마사지하는 방법을 사용했다는 사실이 기억에 남습니다.

로버트 티저랜드와 로드니 영이 쓴 책인 '에센셜오일의 안전성'에서는 임신 중에는 캐롯시드, 블루 사이프러스, 펜넬, 스페니쉬 라벤더, 머그워트, 미르, 애니시드, 오레가노, 세이지, 윈터그린 오일 등을 사용하지 말도록 권했습니다. 가능하면 이러한 오일을 피하는 것이 더 안전하겠지요.

위와 같이 여러 자료를 검색한 결과 임산부가 향기요법을 사용할 때는 에센셜오일을 항상 1% 이하로 희석하여 단기간 사용하는 것이 가장 중요하다는 점을 강조하고 싶습니다. 아무리 좋은 향도 너무 욕심내지 말아야 합니다

참 고 자 료

김우중, 권미화, 권영화, 김진구. 아로마 요법이 학업 스트레스와 뇌파에 미치는 영향. 감성과학 제18권 제1호 pp.95-102, 2015

김수경, 김언주, 류지원, 박은경, 윤정식, 이상명, 이지영 외. 아로마테라피 기초에서 치료까지. 빅애플. 2019.

김신미, 송지아, 김미은, 허명행. 아로마테라피가 중년여성의 갱년기 증상, 스트레스 및 우울에 미치는 효과: 체계적 문헌고찰. 대한간호학회지 제46권 제5호, 2016년 10월.

김정훈. 후각 수용체의 후각 기전, J Clinical Otolaryngol 2007;18:3-9.

김희자, 박오장. 향기요법 마사지가 폐경여성의 복부비만과 신체상에 미치는 영향. 대한간호학회지 제37권 제4호, 2007년 6월

노소영, 김계하. 아로마 마사지가 요양병원 입원노인의 가려움증, 피부pH, 피부 수분보유도 및 수면상태에 미치는 효과. 대한간호학회지 제43권 제6호, 2013년 12월.

문제일. 향기를 기억하는 뇌. 한국 분자 세포생물학회 강연, 2016.

문제일. 나는 향기가 보여요. 아르테, 2018.

박찬익. 향기치유 콘서트. 조윤커뮤니케이션, 2021.

백민제, 한경택, 류희진, 이정석, 김상윤. 아로마가 정상인의 인지기능에 미치는 영향. Dementia and Neurocognitive Disdorders , 2006;5:37-42.

살바토레 바탈리아. 아로마테라피 완벽 가이드 3rd 에디션. 이은정 외 역. 영국아로마테라피센터, 2019.

오홍근. 임상 아로마테라피. 아카데미아, 2010.

와다 후미오. 누구나 쉽게 배우는 아로마테라피 교과서. 이아소, 2013.

우메하라 아야코. 올 댓 아로마테라피. 홍지유 역, 대경북스, 2021.

유강목. 아로마테라피 텍스트북. 크라운출판사, 2006.

유희진, 임연실, 전해정. 우울증 및 스트레스 완화를 위한 실버세대의 아로마향 선호도 연구. 한국웰니스학회지, 제13권 제3호, pp779-487, 2018. 08.

예미경, 신승헌, 박국필, 이상혼, 조태환, 이지은, 장용민, 정옥란. 에센셜 아로마 오일이 뇌 활성화에 미치는 영향. 대한이비인후과학회지, 2003;46:401-8

이성규. 신비한 식물의 세계. 대원사, 2016.

폴거 아르츠트. 식물은 똑똑하다. 이광일 역, 들녘, 1987.

최진영, 오홍근, 전겸구,~김석범. 아로마 에센셜 오일의 항스트레스효과에 대한 연구. 대한임상신경생리학회지 제2권 제2호, 2000.

Asif M, Saleem M, Saadullah M, Yaseen HS, Al Zarzour R. COVID-19 and therapy with essential oils having antiviral, anti-inflammatory, and immunomodulatory properties. Inflammopharmacology. 2020 Oct;28(5):1153-1161.

Carol Schiller & David Schiller. Healing oils 500 formulas for aromatherapy. Sterling ethos. 2016.

Chen PJ, Chou CC, Yang L, Tsai YL, Chang YC, Liaw JJ. Effects of Aromatherapy Massage on Pregnant Women's Stress and Immune Function: A Longitudinal, Prospective, Randomized Controlled Trial. J Altern Complement Med. 2017 Oct;23(10):778-786.

Dany SS, Mohanty P, Tangade P, Rajput P, Batra M. Efficacy of 0.25% Lemongrass Oil Mouthwash: A Three Arm Prospective Parallel Clinical Study. J Clin Diagn Res. 2015 Oct;9(10):ZC13-7.

Fisher K, Phillips CA. The effect of lemon, orange and bergamot essential oils and their components on the survival of Campylobacter jejuni, Escherichia coli O157, Listeria monocytogenes, Bacillus cereus and Staphylococcus aureus in vitro and in food systems. J Appl Microbiol. 2006 Dec;101(6):1232-40.

Fearrington MA, Qualls BW, Carey MG. Essential Oils to Reduce Postoperative Nausea and Vomiting. J Perianesth Nurs. 2019 Oct;34(5):1047-1053.

Gabriel Mojay. Aromatherapy for healing the spirit. Healing Arts Press, 1997.

Hikal DM. Antibacterial activity of piperine and black pepper oil. Bioscil, Biotech. Res. Asia, 2018 Vol.15(4), 877-880.

Hay IC, Jamieson M, Ormerod AD. Randomized trial of aromatherapy Successful treatment for alopecia areata. Arch Dermatol. 1998 Nov;134(11):1349-52.

International Federation of Professional Aromatherapists. Pregnancy Guidelines. Accessed Dec. 25, 2022, www.ifparoma.org.

Jaafarzadeh M, Arman S, Pour FF. Effect of aromatherapy with orange essential oil on salivary cortisol and pulse rate in children during dental treatment: A randomized controlled clinical trial. Adv Biomed Res 2013;2:10.

Jamal Albishri. The effeicacy of MYRRH in oral ulcer in patients with Behcet's Disease. American Journal of Research Communication, 2017, 5(1):23-28.

Jia Y, Zou J, Wang Y, Zhang X, Shi Y, Liang Y, Guo D, Yang M. Action mechanism of Roman chamomile in the treatment of anxiety disorder based on network pharmacology. J Food Biochem. 2021 Jan;45(1):e13547.

Juergens UR. Anti-inflammatory properties of the monoterpene 1.8-cineole: current evidence for co-medication in inflammatory airway diseases. Drug Res (Stuttg). 2014 Dec;64(12):638-46.

Jung DJ, Cha JY, Kim SE, Ko IG, Jee YS. Effects of Ylang-Ylang aroma on blood pressure and heart rate in healthy men. J Exerc Rehabil. 2013 Apr;9(2):250-5.

Kalra RS, Dhanjal JK, Meena AS, Kalel VC, Dahiya S, Singh B, Dewanjee S, Kandimalla R. COVID-19, Neuropathology, and Aging: SARS-CoV-2 Neurological Infection, Mechanism, and Associated Complications. Front Aging Neurosci. 2021 Jun 3;13:662786.

Linda Halcon. n.d. "Are essential oils safe?". Taking charge of your health & wellbeing, University of Minnesota. Accessed Jan. 21, 2023, https://www.takingcharge.csh.umn.edu/are-essential-oils-safe

Mahalaxmi I, Kaavya J, Mohana Devi S, Balachandar V. COVID-19 and olfactory dysfunction: A possible associative approach towards neurodegenerative diseases. J Cell Physiol. 2021 Feb;236(2):763-770.

Mikhaeil, Botros R., Maatooq, Galal T., Badria, Farid A. and Amer, Mohamed M. A.. "Chemistry and Immunomodulatory Activity of Frankincense Oil" Zeitschrift für Naturforschung C, vol. 58, no. 3-4, 2003, pp. 230-238.

Milica Acimovic. Essential oils: Inhalation Aromatherapy A com-prehensive review. J Agron Technol Eng Manag 2021, 4(2), 547-557.

Munakata M, Kobayashi K, Niisato-Nezu J, Tanaka S, Kakisaka Y, Ebihara T, Ebihara S, Haginoya K, Tsuchiya S, Onuma A. Olfactory stimulation using black pepper oil facilitates oral feeding in pediatric patients receiving long-term enteral nutrition. Tohoku J Exp Med. 2008 Apr;214(4):327-32.

Lee MK, Lim S, Song JA, Kim ME, Hur MH. The effects of aromatherapy essential oil inhalation on stress, sleep qualtiy and immunity in healthy adults. Randomzied controlled trial. European Jouranl of Intergatvie Medicine, Vol. 12, p79-86, 2017.

Nasiri M, Torkaman M, Feizi S, Bigdeli Shamloo MB. Effect of aromatherapy with Damask rose on alleviating adults' acute pain severity: A systematic review and meta-analysis of randomized controlled trials. Complement Ther Med. 2021 Jan;56:102596.

Rashidi Fakari F, Tabatabaeichehr M, Kamali H, Rashidi Fakari F, Naseri M. Effect of Inhalation of Aroma of Geranium Essence on Anxiety and Physiological Parameters during First Stage of Labor in Nulliparous Women: a Randomized Clinical Trial. J Caring Sci. 2015 Jun 1;4(2):135-41.

de Rapper S, Van Vuuren SF, Kamatou GP, Viljoen AM, Dagne E. The additive and synergistic antimicrobial effects of select frankincense and myrrh oils--a combination from the pharaonic pharmacopoeia. Lett Appl Microbiol. 2012 Apr;54(4):352-8.

Robert Tisserand & Rodney Young. Essential oil safety 2nd edition. Churchill Livingston ELSEVIER, 2014.

Salvatore Battaglia. Essential oil monograph: Rose, 2020. Accessed Sep. 30, 2022, https://www.salvatorebattaglia.com.au

Sayowan W, Siripornpanich V, Hongratanaworakit T, Kotchabhakdi N, Ruangrungsi N. The effects of Jasmine Oil Inhalation on Brain Wave Activites and Emotions. J Health Res, 2017, Vol.27 No2, April 2013.

al-Sereiti MR, Abu-Amer KM, Sen P. Pharmacology of rosemary (Rosmarinus officinalis Linn.) and its therapeutic potentials. Indian J Exp Biol. 1999 Feb;37(2):124-30.

Salihah N, Mazlan N, Lua PL. The effectiveness of inhaled ginger essential oil in improving dietary intake in breast-cancer patients experiencing chemotherapy-induced nausea and vomiting. Focus on Alternative and Complementary Therapies. 2016 March Vol. 21, 1, p8-16.

Senthil Kumar, K.J., Gokila Vani, M., Wang, C.-S., Chen, C.C., Chen, Y.-C., Lu, L.-P., Huang, C.-H., Lai, C.-S., Wang, S.-Y. Geranium and Lemon

Essential Oils and Their Active Compounds Downregulate Angiotensin-Converting Enzyme 2 (ACE2), a SARS-CoV-2 Spike Receptor–Binding Domain, in Epithelial Cells.*Plant* 2020, *9*, 770.

Stuart Ira Fox. Human physiology 4th. Wm.C. Brown Publishers, 1993.

Xuesheng Han & Tory L. Paker. Anti-inflammatory activity of Juniper (*Juniperus communis*) berry essential oil in human dermal fibroblasts. Cogent Medicine, 4:1, 1306200, 2017